陳立之 著

每天進步1%

七步精準達成每一目標，從細節入手提升工作成果！

1 PERCENT

1%

一趴法則

從計劃到結果的完美流程

讓每一個行動都帶來卓越成果

制定精準計畫 × 理順執行流程 × 掌握主動權 × 高效達成目標

態度＋目標＋結果！在細節中追求完美，打造職場核心競爭力！

目錄

前言

第 1 章　精準執行 —— 高效完成任務的藝術

沒有執行力，就沒有競爭力 ·························· 014

沒有精準執行，一切都是空談 ···················· 015

打破執行不準的魔咒 ································ 018

嚴、實、快、準、狠、新地執行 ················· 020

精準執行走好七大步 ································ 023

唯有精準，方能高效 ································ 028

制度為綱，不折不扣執行 ·························· 030

因為專注，所以精準 ································ 032

精準執行，率性退後，理性當家 ················· 035

精準執行，成就卓越人生 ·························· 037

第 2 章　態度精準 —— 態度決定執行高度

精準執行是一種責任 ································ 042

精準執行是一種敬業精神 ·························· 044

堅守責任，執行義不容辭 …………………… 046

責任心為執行撐起一片天 …………………… 048

將執行責任根植於內心 ……………………… 050

精準執行，沒有任何藉口 …………………… 053

不找任何藉口地完成任務 …………………… 055

從「要我做」到「我要做」…………………… 058

執行的回答只有一個字：「是！」…………… 060

雷厲風行，立即執行 ………………………… 062

執行只有「這次」，沒有「下次」…………… 064

第 3 章　目標精準 —— 充分理解上司的意圖

釐清大目標，執行有方向 …………………… 068

領會上司意圖是執行必修課 ………………… 071

領會上司意圖「四要」……………………… 073

領會上司意圖「四不要」…………………… 074

豎直耳朵聆聽上司吩咐 ……………………… 076

帶上紙筆，隨時記錄上司講話 ……………… 079

複述上司意圖，達成共識 …………………… 081

不明白之處要及時請教 ……………………… 082

上司指示清晰具體如何執行 ………………… 084

上司指示清晰不具體如何執行 ……………… 086

第4章　過程精準 —— 將目標順利導向結果

把目標轉化為執行計畫 …………………………… 092

事前多規劃，執行不折騰 …………………………… 094

制定一份精準的執行計畫 …………………………… 096

理順流程，執行有章可循 …………………………… 098

先執行什麼，後執行什麼 …………………………… 100

分清輕重緩急，執行舉重若輕 …………………… 102

支配時間，掌握執行主動權 ……………………… 104

執行任務時要多向老闆彙報 ……………………… 107

及時彙報，徵求老闆意見 …………………………… 109

主動彙報，減少執行失誤 …………………………… 111

早彙報，多彙報，勤彙報 …………………………… 115

向老闆彙報工作時的注意事項 …………………… 116

第5章　結果精準 —— 用績效證明工作價值

執行講效率，結果論成敗 …………………………… 122

精準執行要以結果為導向 …………………………… 124

一手奉獻忠誠，一手奉獻業績 …………………… 127

功勞重於苦勞，業績高於一切 …………………… 129

關注結果，讓執行出成果 …………………………… 131

精準執行，拿結果說話 ················· 134

將執行著眼點放在「結果」上 ················· 135

執行重行動，更要重結果 ················· 138

按時間、按品質、按數量精準執行 ········· 141

不計代價，使命必達 ················· 144

踐行「羅文精神」，用結果覆命 ········· 147

第 6 章　方法精準 ── 如何完成比難更難的事

沒有如果，只有如何 ················· 152

找出問題症結，開啟執行死結 ········· 154

釐清解決問題的真正目的 ················· 156

打造思維利劍，剖開執行困境 ········· 159

尋找方法，做職場執行明星 ········· 162

執行無難事，方法總比困難多 ········· 165

精準執行，難者不會、會者不難 ········· 167

學會正面思維，執行無往而不勝 ········· 171

「背道而馳」，執行歪打正著 ········· 173

用左腦去服從，用右腦去創造 ········· 174

用對方法，完成比難更難的事 ········· 177

第 7 章　細節精準 —— 超越所有人對你的期望

精準執行，必精於細 …………………………………… 182

小事不小，精準執行無小事 …………………………… 185

執行到細節才是精準執行 ……………………………… 187

精準執行，在細節上狠下功夫 ………………………… 189

欲成大事，先把小事執行精準 ………………………… 191

精準執行，從點滴做起 ………………………………… 193

不放過任何容易出錯的細節 …………………………… 195

精準執行，大處著眼、小處著手 ……………………… 199

心中想大事，手裡做小事 ……………………………… 201

養成注重細節的執行好習慣 …………………………… 203

第 8 章　精準檢討 —— 每天進步 1% 的工匠精神

檢討，把好執行的最後關口 …………………………… 208

精準彙整，執行更上一層樓 …………………………… 210

執行彙整要有技術含量 ………………………………… 212

確認結果，讓一切沒有問題 …………………………… 215

把每一件事情做到登峰造極 …………………………… 218

精準執行，匠人匠心 …………………………………… 220

調高執行標準，追求盡善盡美 ………………………… 222

目錄

不要滿足於 99.9%的成功 ……………………… 224

精準執行，永遠沒有上限 …………………… 226

精準執行，「今日事，今日畢」……………… 228

後記　精準執行，沒有最好，只有更好

前言

「天下之事,不難於立法,而難於法之必行。」企業要想生存發展,需要制度和策略,更需要實施和執行。再好的制度和策略,如果沒有人去執行,或者更貼切地說,沒有很好地去執行,也是一紙空文。美國 ABB 公司董事長巴尼維克(Percy Barnevik)說過:「一位管理者的成功,5%在策略,95%在執行。」執行是推動企業發展的力量泉源,是促進企業飛躍發展的推進器。只有執行,才能把紙上寫的策略、口頭上講的任務付諸實施,並達到預期的目標。

當今社會競爭日益激烈,企業怎樣在眾多競爭對手中脫穎而出?一句話,不折不扣、精準徹底地執行。沃爾瑪之所以能成為全球零售業的龍頭,原因在於它們的員工能不折不扣、精準徹底地執行企業的策略和上級的指示。

執行至關重要,然而僅僅只停留在執行這一層面上還遠遠不夠,還應當做到精準執行。我們經常看到這樣的現象,很多策略和計畫制定得非常詳盡、完備,員工也按指令和吩咐去執行,但是最終的執行結果卻與要求的相去甚遠,甚至大相逕庭,要麼不合標準,要麼期限太長,要麼虎頭蛇尾、沒了下文。

　　執行不精準，任何縝密的計畫、完善的措施、正確的政策、嚴格的制度，都只是一紙空文；執行不精準，任何創新的思路、有效的辦法、可行的路徑，都發揮不了任何作用，只能是畫餅充饑；執行不精準，任何光輝的願景、宏偉的藍圖、理想的目標，都只能是水中月、鏡中花。

　　企業的執行力，歸根究柢取決於員工的執行力。管理者制定的策略和任務需要員工去執行，員工的執行力度如何，執行精度如何，執行效率如何等等，將決定策略和任務能否得以順俐落實、成功完成。一項再正確的決策、再美好的任務，也會夭折在執行力弱的執行人手中。

　　在一個追求效率、注重細節的時代，精準執行已經被推向了顯眼的位置，成為商界人士共同關注的焦點。強生公司前總裁雷夫‧拉森（Ralph S. Larsen）指出：「如果不能被付諸實施，精準執行，再周密的計畫也一錢不值。」戴爾公司董事會主席麥可‧戴爾（Michael Dell）認為：「所謂執行力，就是員工在每一個階段都一絲不苟地切實執行。」比爾蓋茲（Bill Gates）則這樣對員工說：「每一天都要盡心盡力地工作，每一件任務都要力爭高效而精準地執行。」

　　很多員工也想提高自己的執行效率，準確無誤地完成老闆交辦的任務，但是卻常常事與願違，難以在預定的期限內達成老闆要的完美的結果，甚至無法完成任務。時間花費了

不少，精力付出了很多，效果卻不大，業績也平平，做了很多無用功。面對失敗，我們常將責任歸咎於制度不夠合理，推諉於策略不夠正確，抱怨上級指令不夠清楚，卻很少去思考自己是否認真而靈活地將任務執行到位。

如何精準把握上司意圖？如何精準實現目標？如何精準獲得結果？如何精準執行每一項任務？這本《精準執行》以精準執行為核心理念，揭示了執行不精準帶來的危害，探尋了執行不精準的根源，指出了精準執行的意義，從態度、目標、過程、結果、方法、細節、檢討等角度詮釋了精準執行的真諦，並為每一個員工如何精準執行工作任務提供了切實有效的方法和指南。

精準執行，一次比一次準確。精準執行，一次比一次優秀。精準執行，一次比一次卓越。

第 1 章　精準執行
── 高效完成任務的藝術

　　管理之道，在於執行；執行之道，在於精準。只有執行，沒有精準，還不是百分之百地執行。執行可能有結果，但不一定有好結果，只有精準執行，才會有好結果。

　　精準就是正確、準確、精確，執行就要高效、快速、徹底。精準執行，是執行的最高境界，是執行力的核心。精準執行，是完美實現目標的技巧，是高效完成任務的藝術。

沒有執行力，就沒有競爭力

執行力是企業競爭力的重要一環。一個企業執行力如何，將決定企業的興衰。

阿里巴巴總裁馬雲與日本軟銀集團總裁孫正義曾探討過一個問題：一流的點子加上三流的執行水準，與三流的點子加上一流的執行水準，哪一個更重要？結果兩人得出一致答案：三流的點子加一流的執行水準。再好的決策也必須得到嚴格執行和有條不紊地實施。一個好的執行人能夠彌補決策方案的不足，而一個再完美的決策方案，也會死在差勁的執行過程中。從這個意義上說，處於現今自由市場經濟中的現代企業，沒有執行力，就沒有競爭力。

傑克・威爾許（Jack Welch）也說過：「沒有執行力，哪有競爭力。」彼得・杜拉克（Peter Drucker）說：「管理是一種實踐，其本質不在於『知』，而在於『行』。」一個企業如果沒有執行力，那麼它就像海市蜃樓，永遠不可能有競爭力，更不可能實現企業的成功與輝煌。精準快速、強而有力地執行才是企業成功的關鍵。

必勝客就是一個典型的例子，每當我們撥打訂餐專線的時候，就能得到必勝客的服務。當我們打電話到必勝客的時候，必勝客的工作人員立刻用電腦將電話分類，30 分鐘之

內將披薩送到我們的家裡。必勝客之所以有如此高的工作效率是和它注重執行力有關的。必勝客有嚴格的規定，如果員工在送披薩時忘記了帶佐料要扣薪水，顧客沒有及時收到披薩，員工要扣薪水。顧客進來時沒有跟顧客問好的員工要扣薪水，顧客走時沒有說再見的員工要扣薪水等等，很多新員工進去還沒有拿到薪水就已經被扣光了。可也正是必勝客的嚴格要求，使得必勝客能夠在速食業遙遙領先。

反之，執行不力、執行不精準、執行不到位，企業也會遭遇險境。例如聯想公司在 1999 年進行 ERP 改造時，業務部門不努力執行，使流程設計的改善根本無法深入。若長此下去，聯想必將癱瘓。最後不得不施以鐵腕手段，才消滅企業內部試圖拖垮 ERP 以保全既得利益的陰暗心態。

沒有執行力，就沒有競爭力。執行，是個人成長的加速器，是組織效率的發動機，也是企業基業常青的動力泉源。

沒有精準執行，一切都是空談

近些年來，「執行」可能是企業和管理者們最常用的詞彙之一。無論是企業家、經理人，還是政府官員、社會組織，談到策略規劃和任務實施，都再三強調「執行」。企業家認為

「沒有執行，一切都是空談」，經理人覺得「執行力是影響工作效率的關鍵」，政府官員提出「執行力是政府工作的生命力」。

「執行」為何如此重要？什麼是「執行力」？究竟如何做才能實現高效的執行呢？

一天，老鼠大王召開了一個老鼠會議，商討如何對付貓。會議開了一上午，老鼠們個個踴躍發言，卻始終沒有一個切實可行的辦法。這時，一隻號稱最聰明的老鼠站起來說：「據事實證明，貓的武功太高強，死打硬拚我們不是牠的對手。對付牠的唯一辦法就是防。」「怎麼防呀？」大家反問。「在貓的脖子上繫個鈴鐺。這樣，貓一走鈴鐺就會響，聽到鈴聲我們就躲進洞裡，牠就沒有辦法捉到我們了！」「好辦法，好辦法，真是個聰明的主意！」老鼠們歡呼雀躍起來。老鼠大王聽了這個辦法，高興得什麼都忘了，當即宣布散會舉行大宴。

可是，第二天醒酒以後，老鼠大王又召開緊急會議，並宣布說：「幫貓繫鈴這個方案我批准了，現在開始落實。」「說幹就幹，真好！」群鼠們激動不已。老鼠大王接著說：「有誰願意接受這個任務，現在主動報名吧。」可是，等了很久，會場裡面仍沒有回聲。

於是，老鼠大王命令道：「如果沒有報名的，就點名了。小老鼠，你機靈，你去繫鈴。」老鼠大王指著一個小老鼠說。

小老鼠一聽，渾身抖作一團，戰戰兢兢地說：「回大王，

我年輕，沒有經驗，最好找個經驗豐富的吧。」

「那麼，最有經驗的要數鼠爺爺了，您去吧。」緊接著，老鼠大王又對一個爺爺輩的老鼠命令。

「哎呀呀，我這老眼昏花，腿腳不靈的，怎能擔當得了如此重任呢？還是找個身強體壯的吧。」鼠爺爺結結巴巴，幾近哀求地說道。

於是，老鼠大王派出了那個出主意的最聰明的老鼠。可這隻老鼠老早開溜離開了會場，從此，再也沒有見到牠。

老鼠大王一直到死，也沒有實現幫貓繫鈴的夙願。

執行力就是把想法變成行動，把行動變成結果的能力。現代組織的最大問題就是沒有執行力。無論多麼宏偉的藍圖、多麼正確的決策、多少嚴謹的計畫，如果沒有精準高效的執行，最終的結果都是紙上談兵。沒有執行力就沒有成功，執行才是真道理。

畢竟，構想再偉大，也要有人將它實踐出來，這一切，靠的就是執行力。

對個人而言，執行力就是辦事能力；對團隊而言，執行力就是戰鬥力；對企業而言，執行力就是經營能力。衡量執行力的標準，對個人而言，是按時有品質、有數量地精準完成自己的工作任務；對企業而言，就是在預定的時間內實現企業的策略目標。

然而，僅有執行還不夠！因為執行有很多種：敷衍塞責是一種執行；半途而廢是一種執行；朝著錯誤的方向，用錯誤的方式做事，徒勞無功，只有付出，沒有回報是一種執行；達到目的，實現既定目標是一種執行；超越期望，得到的比計畫更多，也是一種執行。

什麼樣的執行才是最好的執行？當然是後兩種執行！這就是我們要追求和倡導的精準執行。只有精準執行，才是真正的、有效的、準確的、徹底的執行！

打破執行不準的魔咒

如今執行不精準、執行不到位、執行力缺失、執行力不強的現象非常普遍，這和我們的思維方式有很大的關係。

有這樣一個例子。

在南方的某個城市，一個跨國公司的區域主管在一幢摩天大樓的 60 層舉行一年一度的行銷年會，在座的 80 多人中，美方高級主管有 50 多人，剩下的就是當地的高級雇員。在會議即將結束的時候，美國的執行長忽然站起來，對大家說：「全體人員跟我一起跳下去！」這個時候，空氣一下子凝重了起來，只見那 50 多個人整齊劃一地站起身，眼睛緊盯著這個

執行長。當地雇員們慌了起來，也匆忙站起來，驚恐地望著美方執行長，心想：「這老頭是不是瘋了！」

透過這個小故事我們可以看到，我們在執行一項措施的時候，往往是老闆在考慮員工怎麼想，員工在考慮老闆想得對不對，這樣就會使一項命令在執行的過程中因為主觀因素的誤導而出現偏差。

例如老闆按照公司規定安排一個員工生產塑膠花的任務，經理在安排人的時候會想哪個員工更適合做呢？哪個員工能做得好呢？員工也同樣會考慮上層的想法，他會想：「怎樣做才會被上層誇獎呢？」、「上層喜歡什麼顏色的花呢？」等等。

其實製作塑膠花本就是員工的職責，每個製造塑膠花的員工都應該完成任務，如果完不成就應該承擔相應的責任。

所以，管理者根本不用考慮哪個人做得好，只要員工按照公司的要求完成就可以了，而員工也不必去想管理者的喜好，因為這不是在幫管理者做塑膠花，而是幫買家做。

總之，把需要下屬去執行的任務更多地標準流程化，就會避免管理者和員工因為主觀思維不同而導致的失誤。每個職務已經設定了它該做的事情，管理者下達了命令，員工按照公司的規定執行就可以了，這樣就會減少很多麻煩，讓執行精準、快速起來，最終提升執行的效率。

嚴、實、快、準、狠、新地執行

何謂執行力？就是確保品質、確保數量地完成自己的工作和任務的能力。

在職場中，成為一名優秀員工，不斷提升自我執行力是關鍵。個人執行力的強弱主要取決於兩個要素 —— 個人能力和工作態度，能力是基礎，態度是關鍵。所以，要想提升個人的執行力，就要加強化自身本職學能，導正工作態度，提升執行品質。

那麼，如何實現精準執行、高效快速地完成老闆交辦的任務呢？關鍵是要在執行任務過程中實踐好「嚴、實、快、準、狠、新」六字要訣。

1. 執行意識 —— 嚴

首先著眼於「嚴」，要強化執行的責任意識。責任心和進取心是做好一切工作的首要條件。責任心的強弱，決定執行力度的大小；進取心的強弱，決定執行效果的好壞。因此，要提高執行力，就必須樹立起強烈的責任意識和進取精神，克服不思進取、得過且過的心態，把工作標準調整到最高，精神狀態調整到最佳，自我要求調整到最嚴，認認真真、盡

心盡力、不折不扣地履行自己的職責。決不消極應付、敷衍塞責、推卸責任，養成認真負責、追求卓越的良好習慣。

2. 執行行為 —— 實

執行要著眼於「實」，要培養腳踏實地、務實實幹的作風。天下大事必作於細，古今事業必成於實。好高騖遠、作風漂浮，結果終究是一事無成。要發揚嚴謹務實、勤勉刻苦的精神，堅決克服誇誇其談、評頭論足的毛病。真正靜下心來，從小事做起，從點滴做起。

3. 執行速度 —— 快

要著眼於「快」，提高執行效率。「明日復明日，明日何其多。我生待明日，萬事成蹉跎。」因此，要提高執行力，就必須強化時間觀念和效率意識，弘揚「立即行動、馬上就辦」的工作理念。堅決克服工作懶散、辦事拖延的惡習。每項工作都要立足於一個「早」字，落實一個「快」字，抓緊時機、加快節奏、提高效率。執行任何任務都要有效地進行時間管理，時刻把握工作進度，做到爭分奪秒，趕前不趕後，養成雷厲風行、乾淨俐落的良好習慣。

4. 執行尺度 —— 準

執行需要密切貼合組織的策略目標、部門的側重方向、組織的流程制度、上級的交辦事項等。與組織策略目標和上級要求不相符的事就沒有必要去做。在執行任務過程中，需要時時評估自己的工作和行為是否與組織策略目標相符。

5. 執行力度 —— 狠

執行要追求卓越、追求最好、追求更好。如果執行不及時、不迅速，執行力起來拖拖拉拉，就會延誤工作計畫和進度，執行就會變得虎頭蛇尾，沒有成效。

6. 執行高度 —— 新

執行要著眼於「新」，開拓創新，改進方法。只有創新，才有活力；只有創新，才有發展。面對競爭日益激烈、變化日趨迅速的今天，創新和應變能力已成為推進企業發展的核心要素。

因此，要提高執行力，就必須具備較強的創新精神和思考能力，堅決克服無所用心、生搬硬套的問題，充分發揮主觀能動性，創造性地展開工作、執行指令。在日常工作中，我們要勇於突破思維偏誤和傳統經驗的束縛，進一步解放思

想，不斷尋求新的思路和方法，使執行的力度更大、方向更準、速度更快、效果更好。要養成勤於學習、善於思考的良好習慣。

總之，提升個人的精準執行力雖不是一朝一夕之事，但只要你按「嚴、實、快、準、狠、新」的要求用心去做，相信一定會成功！

精準執行走好七大步

執行必須做到精準。只有精準的執行，才是有效的執行，才能讓組織的策略得到貫徹，才能讓上級的任務得到落實，才能展現個人的能力和價值。

執行涉及的因素紛繁複雜。精準執行，就是要以最快的速度、最好的方案、最明晰的過程準確實現組織的目標，完成上級交辦的任務。

一次完整的精準執行，包括態度正面、理解目標、明晰流程、關注結果、方法科學、做好細節、事後檢討七個。

1. 態度正面

態度決定一切。精準執行，首先是一個態度問題，應是一種發自肺腑的愛，一種對工作的真愛。執行需要熱情和行動，需要努力和勤奮，需要一種積極主動、自動自發的精神。只有以這樣的態度對待工作、認真執行，才能將每一項任務都執行得完美到位，即便是再艱巨的任務，也會迎難而上，勇挑重擔。而態度不正確，對待工作敷衍了事，執行任務投機取巧、拈輕怕重，即便是容易的任務也不會好好地完成。

要執行，就要將責任根植於內心，讓它成為腦海中一種強烈的意識。在日常行為和工作中，這種責任意識會驅動我們嚴肅認真地對待執行，把任務執行得細緻、到位。

2. 理解目標

能否順利執行到位、精準執行任務的重要前提就是目標是否明確，目標明確就是要釐清上司意圖、落實任務指標。只有搞清組織的目標、領會上司的意圖，執行起來才不會盲目行動，才能心中有方向，才能在執行中自覺圍繞著既定的目標而努力行動。

要釐清公司的年度、季度、月度指標，不僅要釐清上司

每週甚至每天的工作意圖，還要將任務和指標層層分解，具體到每個和細節，直到不能再分。即使公司和上司沒有這樣的要求，個人也要幫自己定好目標：每週我們要做什麼，每天做什麼，要做到什麼程度。總之，一定要有計畫地推進。

3. 明晰流程

不釐清執行的流程，執行起來就會不知道從哪裡入手，眉毛鬍子一把抓，東一榔頭西一棒子，抓不住重點，混亂無序。而這就會造成執行脫節、執行退回檢查、執行無結果的嚴重現象，使我們的執行阻礙重重。

在執行前，必須先明晰執行的流程，要釐清執行從哪裡開始，到哪裡結束，需要哪些步驟，哪些是重點、要花精力去做的，哪些是次要的、不需要耗費太多精力的等等。流程清晰了，執行起來才會有條不紊、忙而不亂、環環相扣，穩步實現執行目標。

4. 關注結果

執行的最終目的，就是要實現工作目標，釐清結果。執行沒有結果，任何為執行所做的努力都是無效的。

在處處講求實際、講求成果的當代，人們已經越來越依賴於透過結果來評定一個人的行為價值。因為只有結果才是

有效的，無論你在執行過程中如何努力，如果沒有結果，那麼很難證明這段過程的存在。以結果為導向是一種重視結果的思維方式，它善於發現和分析問題，且有很強的品質控制意識、強烈的責任心和持之以恆的執著精神。

一切的行為只為成功的結果，一切的執行都為實現最後的結果。所以，當我們執行一項任務時，首先考慮的是要實現一個怎樣的結果。要用結果證明你執行的正確，證明你的工作價值。

5. 方法科學

精準執行的一個重要展現就是執行有方法。執行不到位、執行不準確、執行不順暢，除了其他方面的因素外，多半是因為方法不對頭、方式不得力。執行要講究方法，方法正確，付出較少的努力就會取得較大的成果，執行就會事半功倍；方法錯誤，即使付出再多的努力也會鮮見成效，執行就會事倍功半。

因此，在執行時，要動動腦筋，積極思考，尋找問題的解決辦法，力求用最少的時間、最省力的方式實現目標，高效地完成任務。

6. 做好細節

「魔鬼在細節」，細節決定執行的成敗。一個細節的不到位、一個細節上的失誤，都有可能影響整個執行的過程及結果，在執行上造成難以挽回的損失。所以，我們在執行每一項任務，做每一件事的時候，從準備開始直到事情做完都要有一個全面的考慮，特別是在容易忽略的上，更要認真和細心，千萬不能粗心大意。

有時候成功其實很簡單，需要的只是對細節的關注。在細節之處下功夫，將每個細節都做得扎實到位，整個執行才會無懈可擊。養成了重視細節的習慣，才能把任務完成得盡善盡美。

7. 事後檢討

執行結束了並不意味著大功告成了，執行工作就做得無可挑剔了。每一次行動總有可能留下缺陷，任何一個方法總有不足之處，而且執行過程中條件和情況的變化也會使我們的工作出現新問題。因此，在執行之後有必要對整個執行過程檢討、檢查，對所做工作進行調整、修正，以達完美。

透過檢討梳理、追蹤檢查，可以及時發現執行中存在的問題和漏洞，不斷地修正原執行方案和工作，使其更加完

善。檢討的過程，實際上是對執行的評估、修改和完善的過程，也是對執行本身的深化過程。

另外，檢討還有助於我們彙整經驗、教訓，為以後的決策和執行提供借鑑，使得我們的執行更加精準、工作越趨高效、結果更為完善。

唯有精準，方能高效

比爾蓋茲說過：「過去，只有適者能夠生存；今天，只有最快處理完事務的人能夠生存。」

發展是企業經營的根本目的。在當今社會中，企業間的競爭在日益加劇，這就要求現代企業不但要發展，而且要快速發展，發展速度更要快於競爭對手，只有這樣企業才能生存下來，才能談企業發展的問題。

那麼，怎麼能讓企業快速發展呢？就要不斷提高企業的執行效率。

唯有執行效率高的企業才能在相同的時間，做出更多的業績。而高的執行效率又得依賴員工來完成。那麼此時，按時、按品質、按數量地精準執行工作任務不但是企業的要

求，更是社會的要求。現在的社會已經不是「適者生存」，而是「快者生存」的時代，所以企業的任務職責就更不能推卸、更不能貽誤，要積極準確地落實，這樣在企業立於不敗之地的時候，自己的價值也能得以展現。

作為企業的員工，我們不但要把每一項工作認真地完成，更應當在每一個、每一個細節上都以最快的速度，按時、確保品質以及數量以完成任務。企業就像一臺高速運轉的機器，每一位員工都是這臺機器的重要一環，環環相扣。機器的任何一個部分出了問題，都會影響機器的正常運轉。所以，也就要求我們每一位員工在自己的職位上要做好自己的本職工作。

自由市場經濟條件下，企業與企業之間的競爭，實質就是執行效率的競爭。只有執行效率強大的企業，才能保持快速、高效地運轉，才能在自由市場競爭中立於不敗之地。而企業執行效率的高低、強弱，又取決於每一位員工的執行能力和執行效率。

所以，作為企業的員工，我們有義務和責任提升和強化自己的執行力，奉行「嚴、實、快、準、狠、新」的執行要訣，為企業的長遠發展奉獻自己的光和熱！

制度為綱，不折不扣執行

執行力是推動工作、落實制度的前提。事實證明，制度制定以後關鍵是執行，再好的制度如果沒有人執行或執行不到位也是沒用的。作為一名員工，你的工作必須著眼在不折不扣的執行上。

工作中切忌不按規矩辦事。雖然有許多公司制度制定得比較完善，並把制度彙編成冊，或經常把制度性的標語貼在外面，但是在制度的執行過程中往往就變了樣，成了「上有政策，下有對策」，員工有這種行為是極不可取的。

一家媒體曾針對「上班處理私事」這一問題做過一個調查：

透過對 235 名員工進行的隨機調查，發現大部分員工上班時間「處理私事」。上班時間不務正業達到了調查人數 90% 以上的比例，大部分員工上班時間幹多種「私事」，其中上網私人聊天和上網閒逛所占比例最高，達 86%，做其他事情如出去走走等占 60%，玩遊戲和打電話聊天則分別占到了 40% 和 33%，兼職則占到了 7%。

同時，調查顯示，在 8 小時內用於「處理私事」的時間為 20 ～ 30 分鐘的人數最多，1 ～ 3 小時人數占調查總數的

20％，占用時間最多的為 3 小時以上，占調查人數比例的 11％。另外，有 15.55％的員工認為，在辦公室處理私事時間視情況而定。

調查中發現，許多普通員工上班時間用於上網私人聊天、瀏覽與工作無關網站的最多，此外還有玩遊戲、打電話聊天、上網買賣股票、兼職、利用工作餐時間請客等多種方式。而在白領階層，上班時間在辦公室「處理私事」已成為一股風氣。

在一家廣告公司工作的李先生告訴調查者，現在上班時間上網聊天已經成為一種風氣了，禁也禁不了，而且很多時候上網也和工作有關，大家以公謀私你也不知道。像李先生的工作就必須上網，他認為瀏覽新聞是必需的，連繫客戶的時候也需要聊天。

這個調查應該引起所有員工的重視。制度是員工個人成長的平臺。有些員工沒有意識到制度的重要性，他們以為規章、制度等規範都只是企業為了約束、管理員工的需要，對此他們往往持排斥的態度，表面上遵守，內心深處則是一百個不願意。在沒有監督的情況下，員工常常是「上有政策，下有對策」，做出一些違背公司規章制度的事情。

每個員工都希望在公司有好的發展，要做到這一點，不僅要學會在制度的約束下成長，更要學會利用制度給予的資

源發展自己、提高自己和增加工作業績，得到上司和同事的認同。

企業好比是一個舞臺，如果你不在舞臺上表演，那麼即使你有再好的演技，也難以表現出來。若是在舞臺下展示你的演技，則是用錯了地方，演得再好，也沒人會認可你。員工要習慣在制度下工作，這是一種職業紀律，更是一種職業技巧。企業常常會透過制度安排把資源和榮譽給予那些確實執行公司規章的員工典範，如果你與制度格格不入，那麼你是難以得到企業認可的。

總之，員工應以制度為準繩，不折不扣地完成工作指標，堅決摒棄「上有政策，下有對策」的錯誤行為，以強化自身的執行力。

因為專注，所以精準

「年輕人事業失敗的一個根本原因就是精力太分散。」這是戴爾‧卡內基（Dale Carnegie）在分析了眾多個人事業失敗的案例後得出的結論。事實的確如此，很多人在執行任務時思想和精力分散，缺少專心，也不能持之以恆，這使得他們工作沒有章法、沒有成效，任務總是不能如期完成。然而，

如果他們的努力能集中在一個方向上，那麼任務很少有不能完成的。確實，專心致志是很多人取得事業成功的一個重要原因。

曾經有一位父親帶著三個孩子麥可、大衛、勞，到森林去獵殺野兔。

到達目的地以後，父親問麥可：「你看到了什麼？」

麥可回答：「我看到了獵槍、野兔，還有森林。」

父親搖搖頭說：「不對。」便以同樣的問題問大衛。

大衛回答說：「我看到了爸爸、麥可、勞、獵槍，還有樹林。」

父親又搖搖頭說：「不對。」再以同樣的問題問勞。

勞回答：「我只看到了野兔。」

父親高興地說：「答對了。」

工作就如同打獵一樣，你必須專注，哪怕一秒鐘的分神，都可能使「獵物」跑掉，或失去準星，最後一無所獲。你在一項計畫上用了多少時間並不重要，重要的是，你是否從一開始就能「連貫而沒有間斷」地去做好事情。

太陽普照萬物，並不能點燃地上的柴火。但有凸透鏡就可以，只需要區區一小束陽光，花費時間聚集到一點上，即使在最寒冷的冬天也能把柴火點燃。

　　同樣的道理，再弱小的人，只要集中力量於一點，也能得到好的結果；相反，再強大的人，如果把力量分散在許多方面，那麼也會一事無成。學會聚集你的能量，讓它爆發，那麼定會有雷霆萬鈞之勢。一個人如果能夠長久地把精力集中於一個點上，定能取得驚人的成功。

　　「天才就是不斷的注意。」著名的科學家牛頓（Isaac Newton）就是個注意力高度集中的人。

　　牛頓一生中的絕大部分時間是在實驗室度過的。每次做實驗時，牛頓總是通宵達旦，注意力非常集中，有時一連幾個星期都在實驗室工作，不分白天和黑夜，直到把實驗做完。

　　有一天，他請一個朋友吃飯。朋友來了，牛頓還在實驗室裡工作。朋友等了很長時間，肚子很餓，還不見牛頓從實驗室裡出來，於是就自己到餐廳裡把煮好的雞吃了。

　　過了一會兒，牛頓出來了，他看到碗裡有很多雞骨頭，不覺驚奇地說：「原來我已經吃過飯了。」於是，他又回到了實驗室繼續工作去了。牛頓把注意力高度集中到了做實驗上，竟然會忘記自己有沒有吃過飯。正是這種高度集中的注意力，使牛頓在科學的領域建立了豐碩的成果。

　　因此，一個人做事一定要專注。培養做事專注的習慣，會對一個人的一生產生重大的影響。

執行要專注，專注出效率，這是衡量一個人注意力好壞的標誌，更是衡量一個人是否具有精準執行力的準繩。所以，在執行任務時只有專注於目標，才能在這個目標上取得成功。

精準執行，率性退後，理性當家

精準執行，是建立在精心思考、冷靜觀察、充分準備基礎之上的。那種憑著自己的感覺，執行任務倉促上陣，率性而為、自以為是的人，是很難做好工作、完成任務的，他們的執行也通常以失敗告終。

率性而為的人做事常按著自己的性子來，結果讓自己產生了很多的不便和不利。這種做事態度是不可取的，因為在沒經驗和考慮不周的情況下任性很可能會因為固執不知變通，使事情無法挽回，而又讓自己追悔莫及。

一位大學畢業生應徵一家產品行銷公司，公司提出試用期三個月。三個月過去了，這位大學生沒有接到正式聘用的通知，於是他一怒之下憤然提出辭職，公司一位副經理請他再考慮一下，他越發火冒三丈，說了很多偏激的、抱怨的話。對方終於也動了氣，明明白白地告訴他，其實公司不但已決定正式聘用他，還準備提拔他為行銷部的副主任。這麼

一鬧，公司無論如何也不用他了。這位涉世未深的大學生因他的不理性而喪失了一個絕好的機會。

率性而為，不考慮後果，不僅是對工作的不負責，也是對自己的不負責任。執行任務、對待工作不能想當然，想怎麼做就怎麼做，而應當養成理性思考、理智做事的良好習慣。用理智控制衝動的情緒和念頭，是一個人用知識和智慧凝聚而成的涵養，更是從容練達做事的風範。

日本著名企業家松下幸之助先生在創業之初，由於競爭十分激烈，其他公司不斷地壓低價格以求拋售貨品。那時松下先生還很年輕，心想：「事到如今，只有和他們拚了，才不會輸給同行業的競爭者們。」為了這件事，他跑去和加藤大觀師傅磋商。大觀師傅說：「假使公司只有你一個人，你大可這樣做。但你有這麼多下屬，他們又都有家眷，身為公司的負責人，竟然逞一時之強，豈不是連累了你的下屬嗎？」他覺得師傅講的話很有道理，經過再三思考之後，決定放棄和其他公司競相拋售貨品的念頭。果然不久，顧客都轉而信任他，松下由此在商場中勝出。

執行任務，實施行動之前，先要考慮好可能產生的後果。隨心所欲或憑意氣用事的行為都是危險的，甚至可能會為此付出巨大的代價。而一時的興趣或心血來潮，完全憑感覺做事，風險性則更大。我們的目的是將事情做好、將問題

解決，而不是製造問題，把事情辦砸。不計後果地做事，所付出的成本並非是我們都能負擔得起的，而失敗的結果也不是所有的人都願意去承受。執行之前考慮周全，想到可能出現的各種結果，事先擬定好應對和解決的方法，執行起來才會少出錯誤、少走彎路，才能順暢、準確地實現目標。

執行重要，理性執行更重要。如果不能做到理性執行，讓自己的感覺左右自己的行為，讓那些模糊的判斷決定自己的執行，就很可能會「差之毫釐，謬之千里」，與目標背道而馳。

精準執行，需要理性當家，理智為先。職場形勢和工作條件隨時會出現變化，在具體執行的時候，應該避免衝動，拒絕感性，讓理性和理智做主，少些想當然，多些深思熟慮。讓精確的思路為執行開路，才是精準執行之道，才是贏家之道！

精準執行，成就卓越人生

一個人在執行任務過程中，只有追求精準極致的工作目標，才會迸發出持久強大的熱情，才能盡情發揮自己的潛能，盡量實現自我的人生價值。

　　有一位剛剛進入公司的年輕人，自認為專業能力很強，對待工作便十分隨意。有一天，他的上司交給他一項任務 ── 為一家知名的企業做一個廣告宣傳方案。

　　這個年輕人自以為才華橫溢，用了一天的時間就把這個方案做完交給了上司。他的上司覺得不行，又讓他重新草擬了一份。結果，他又用了兩天時間，重新草擬了一份交給上司，上司看了之後，雖然覺得不是特別完美，但還能用，就把它呈報給了老闆。

　　第二天，老闆把年輕人叫進辦公室，問道：「這是你能做的最好的方案嗎？」年輕人一愣，沒回答。老闆輕輕地把方案交給他，年輕人什麼也沒說拿著方案回到了自己的辦公室。

　　然後，他調整了一下自己的情緒，又修改了一遍，重新交給了老闆。老闆還是那一句話：「這是你能做的最好的方案嗎？」年輕人心中忐忑不安，不敢給予一個肯定的答覆。於是，老闆讓他拿回去重新修改。

　　這一次，他回到了辦公室，絞盡腦汁，冥思苦想了一個星期，徹底地修改完後交了上去。老闆看著他的眼睛，依然問的是那一句話：「這是你能做的最好的方案嗎？」年輕人信心百倍地回答說：「是的，我認為這是最好的方案。」老闆說：「好，那這個方案通過。」

有了這次的經歷之後，年輕人明白了一個道理：只有盡最大努力盡職盡責地工作，才能夠把工作做得盡善盡美，才能把任務執行得精準徹底。以後在工作中，他經常叮囑自己，要全力以赴，將每一項任務都完成得最為出色。結果，他變得越來越優秀，受到老闆和公司的器重。

要想成為不可替代的職場菁英，就需要有一股子精準執行的精神和行動。如果你能做到精準執行，你就能用很短的時間累積自己的實力，進而贏得自己在職場上的成功。

一個人無論從事什麼樣的職業，都應該全身心地對待自己的工作。在工作中，盡自己最大的力量來解決問題，並求得不斷進步，這是一個極為關鍵的執行準則。也許我們在剛開始的工作中表現得並不出色，但只要全身心地、盡職盡責地投入進去，想辦法自己解決遇到的困難，做一個有上進心、有事業心的人，同樣可以贏得上司和老闆的讚賞，在事業上取得成就。

英特爾總裁安迪・格魯夫（Andy Grove）應邀在一次對大學生的演講中說道：「不管你在哪裡工作，都別把自己當成員工，應該把公司看作自己開的一樣。你的職業生涯除你自己外，全天下沒有人可以掌控，這是你自己的事業。」

把工作當作自己的事業，能夠讓你擁有更大的揮灑空間，使你在掌握實踐機會的同時，能夠為自己的工作擔負起

責任。樹立為自己打工的職業理念，在工作中培養自己的企業家精神，讓自己更快地在事業上取得成功。

　　一個懂得精準執行的人，他的人生軌跡會比他的預想得更加精確、更加寬廣，職業生涯也會比他預想得要更加成功、更加輝煌。

　　精準執行，就是把事情做到登峰造極，只有這樣，才能達到別人無法企及的成功巔峰。精準執行，成就精確、卓越的人生。

第 2 章　態度精準
── 態度決定執行高度

　　態度決定行為，行為決定執行。精準執行，首先是一種態度。態度不正確，執行任務時就會敷衍了事、推脫責任，出現問題就會尋找藉口、迴避退讓，就無法將工作做到位。

　　執行要精準，態度先精準。只有端正態度，忠誠敬業，積極主動、自動自發地承擔責任，才能刺激內心的能量，推動執行，走向成功。

精準執行是一種責任

實際工作中，之所以會出現一些重大決策沒有很好地落實到位、一些重要政策在落實過程中打了折扣、一些重大工程在實施過程中進展緩慢等現象，究其原因，往往不是方向不明、道理不清、招數不對，而是失之於用心不夠、責任不清。

一間家電製造有限責任公司曾發生過這樣一起「事故」：

3 號工廠有一臺機器出了故障，經過技術人員檢查，發現原來一個配套的螺絲釘掉了，怎麼找也找不到，只好重新去買。

在購買時，採購員發現好幾家五金商店都沒有那種螺絲釘，又跑了幾家大型的商場，也沒有買到。

幾天很快就過去了，採購員還在尋找那種螺絲釘，可是工廠卻因為機器不能運轉而停產。於是，公司的上層不得不介入此事，認真聽取事故的前因後果，並且想方設法地尋找修復的方法。

在這種「全民總動員」的情況下，技術部門才想起拿出機器生產商的電話號碼。打電話過去，對方卻告訴他：「你們那裡就有我們的分公司啊。你連繫那裡看看，肯定有。」

連繫後半個小時,那家分公司就派人送貨來了。解決問題的時間非常短,可是光尋找哪裡有螺絲釘,就用了一個星期,而這一個星期公司已經損失了上百萬元。

很快,工廠又恢復了正常的生產營運。在當月的彙整大會上,採購部長將這件事情又重新提了出來,他說:「從這次事故中,我們很容易就能看出,公司某些工作人員的責任心不強。從技術部門提交採購申請,再經過各級審批,到最後採購員採購,這一切都沒有錯誤,都符合公司要求,可是結果卻產生這麼重大的損失,問題在哪裡?竟然是因為技術部的工作人員沒有寫上機器生產商的連繫方式,而其他各部門竟然也沒有人問。」

最寶貴的精神是落實的精神,最關鍵的落實是責任的落實。落實任務,先要落實責任,因為責任不清則無人負責,無人負責則無人落實,無人落實則無功而返。落實責任,是抓好工作落實的重要保證。

只有落實責任,才是落實任務、對結果產生作用的真正力量;只有靠落實責任,我們的組織和企業才能更加欣欣向榮;只有靠落實責任,策略才能隆隆推進,嶄新的未來才能撲面而來;只有靠落實責任,個人的潛力才能得到無限的開發,個人才能一步步走向成功。

精準執行是一種敬業精神

敬業，是一種最為可貴的執行態度。

敬業是一種職業的責任感，不是對某個公司或者某個個人的敬業，而是對一種職業的敬業，是承擔某一任務或者從事某一職業所表現出來的敬業精神。

敬業是員工的使命所在。從通常的意義上來講，敬業就是敬重自己的工作，將工作上的事當成自己的事。敬業的具體表現為忠於職守、盡職盡責、嚴謹執行、一絲不苟、善始善終等職業道德。

敬業是把人的使命感和道德責任感融合在了一起，是完美執行和完成任務的重要條件，是最基本的職業精神。

然而，我們總是能發現一些逃避責任、尋找藉口的人，他們不僅缺乏一種神聖的使命感，而且缺乏必要的敬業精神。

有一位頗有才華的年輕人，他聰明機智，但是卻工作散漫，缺乏敬業精神。一次報社急著要發稿，他卻摟著稿件在家裡睡大覺，影響了整個報紙的出版計畫。像這種人是無法做好本職工作的，老闆也不會將重要的任務交給他去執行。

公司和老闆需要的是敬業的員工。作為員工，應當熱

愛、敬重自己的工作，主動承擔起自己應有的責任。對於老闆吩咐的任務，應當全力接受。在執行任務過程中，應當投入全身心的精力，想方設法尋找解決問題的辦法和途徑，精準、快速、完美地完成任務，向老闆交上一份滿意的答案。

敬業從表面上來看是有益於公司、有益於老闆的，但最終的受益者卻是自己。

如果我們能將敬業變成一種習慣，就能全身心投入工作之中，並在工作之中感受到快樂。這種習慣或許不會有立竿見影的效果，但可以肯定的是，當「不敬業」成為一種習慣時，其結果卻是立竿見影的。工作上的投機取巧、執行中的拖延敷衍，也許為你的公司帶來的只是一點點的影響，為你的老闆帶來的只是一點點的經濟損失，但是卻可以毀掉你長長的職業前途。

巴頓將軍（George Smith Patton）有句名言：「每個人都必須心甘情願為完成任務而獻身。」他強調的是，每個人都應該敬業，都應該為完成自己的工作和任務、為實現自己的價值而付出，時刻不能忘記自己的責任。我們要在工作中樹立敬業的觀念，認真對待每一次工作，自覺執行上級交辦的任務。敬業是員工的基本職業素養，也是企業對員工的核心要求之一。

堅守責任，執行義不容辭

一位戰敗的將軍牽著受傷的戰馬走進了樹林，他帶領全族的人出城殺敵，然而只有他一個人倖存了下來。悲傷至極的他決定了卻自己的生命。當他拿起寶劍時，突然聽到有人喊：「將軍，請先不要死，你死在這裡會擋住我的去路，讓我先過去！」將軍回頭一看，原來是一個上山打柴的老翁，他挑著柴擔向山下走來。

老翁打量了將軍一眼，放下柴擔，坐在旁邊用帽子扇起風來。「老先生，您怎麼不走啊？」將軍苦著臉問道。「那你又是為何呢？堂堂男子漢，為什麼要自殺呢？」老翁反問道。將軍對老翁講明原因，老翁聽後不但沒有同情他，反而哈哈大笑。

將軍疑惑地問：「您何故發笑？」老翁看了將軍一眼，說：「我每天到山上砍柴，我的責任是供養妻兒，即使颱風下雨也不能阻止我。供養妻兒是我的責任，我要堅守我的職責，就算我老得擔不動柴了，都不能改變！」老翁繼續說道，「驅逐侵略者，讓百姓過安定的生活是你的責任，你的士兵都是為這個責任犧牲的，你不能堅守責任就是背信棄義之人。」老翁站起身，「將軍，你現在可以死了！我的家人還在等著我呢。」老翁說完轉身離去。

將軍突然感到他要堅守自己的責任：為國家、為人民，

驅逐侵略者！他走遍附近的村莊，召集了很多人，再次舉起了反抗侵略者的大旗。他經歷了多次失敗，但都沒有放棄責任，在最艱難的時刻，他總能記得：堅守自己的責任，就一定能達到目標。逐漸地，他的軍隊不斷壯大，終於趕走了侵略者，實現了他的目標。

對於一個成功的人來講，他身上所展現出的最耀眼的光芒就是強烈的責任心，能堅守自己的責任，並將責任落實到自己的工作中。正是這種負責的精神，才能使他在工作中充滿動力，能以一種愉悅的心情工作。這樣，不但提高了工作效率，而且能使自己的工作成績更加完美。這樣，既為未來發展鋪平了道路，又贏得了主管的青睞，使自己進步。

一輛列車高速行駛著，突然，車廂中響起了廣播聲：「各位旅客，七號車廂中有位孕婦要臨產，哪位旅客是醫生，請馬上到七號車廂。」林娜聽到廣播後站起來，走到七號車廂。「列車長，我是一名外科醫生，但我剛畢業，在醫院實習期間發生過醫療事故，剛被醫院開除。」林娜對列車長說，「我很想幫忙，希望能替醫生做副手。」「不！這裡只有你一個醫生，雖然你離開了醫院，但你還是一名醫生，你有能力完成你的使命！我們相信你！」列車長鼓勵她。

「是的！我有能力，重要的是醫生是我的職業，救死扶傷是我的使命，是我的責任。」林娜對自己說。她決定為孕婦接

生，孕婦的丈夫告訴林娜：「醫生，我妻子以前生過一次孩子，但因為難產，孩子沒有保住。」林娜聽後感到負擔更重、責任更大了。作為醫生，她應該讓母子平安。林娜說：「我會努力的！」過了半個多小時，車廂裡傳來了嬰兒的啼哭聲。

林娜成功了，她憑著強烈的責任心完成了工作和使命。她堅守責任，證實了自己的人生價值。

其實，一個人本身就是一個責任的集合體，身上肩負著對工作、家庭、親人、朋友的責任，一個人的價值的展現就在於能堅守自己的責任，完成自己的責任，只有這樣，才能使自己的人生更有價值。

堅守自己的責任，我們將取得更加卓越的成就，表現出更加完美的人格。

責任心為執行撐起一片天

在企業的經營過程中，企業員工的責任心更能影響企業的生存和發展。

有了責任心，才會凡事嚴格要求，執行任務中不打折扣，措施實施中不玩虛招。

令人遺憾的是，現實生活中的情形並不樂觀。有一個人向一位企業老闆寄送電子邀請函，連寄幾次都被退回，他向那位老闆的祕書詢問時，祕書說信箱滿了。可四天過去了，還是寄不過去，再去問，那位祕書還是說信箱是滿的。試想，不知這四天之內該有多少郵件遭到了被退回的厄運？而這眾多被退回的郵件當中，誰敢說沒有重要的內容？如果那位祕書能考慮這一點，恐怕就不會讓信箱一直滿著。作為祕書，每日檢視、清理信箱，是最起碼的職責，而這位祕書顯然責任心不夠。

員工勇於承擔責任是一種美德、一種勇氣，是無私無畏的表現，更容易贏得上司的尊重，成為同事行為的楷模和模範。員工如有能力以一種負責的、職業的、考慮周全的方式行事，對公司來說是一種競爭優勢，對於個人而言是一筆財富，也是提高執行能力的最佳途徑。

責任心展現在三個階段：一是執行之前，二是執行的過程中，三是執行後。怎樣提升責任心呢？第一階段，執行之前要想到後果；第二階段，要盡可能引導事物向好的方向發展，防止壞的結果出現；第三階段，出了問題勇於承擔責任。勇於承擔責任和積極承擔責任不僅是一個人的勇氣問題，而且也標誌著一個人是否有自信、是否光明磊落、是否恐懼未來。

　　勇於承擔責任不是大家心中所想的那樣，好像自己要付出多大的代價。在公司裡主動承擔責任只會為自己帶來好處，雖然有時候會犧牲自己的利益。從另一個方面來講，勇於承擔責任是每一名員工的職責所在，是義不容辭的事。

　　你有沒有意識到這一點？你害怕承擔責任，害怕自己的利益受到損失，害怕自己的前途受到影響。所以，你學會了推卸責任，學會了臨陣脫逃，學會了「明哲保身」。可就在你得意揚揚的時候，你的前途卻被你親手毀掉了。

　　職責所在，義不容辭。只有這樣，你才能知道自己的能力缺陷在什麼地方，才能去學習，才能不斷提高自己的執行力。

將執行責任根植於內心

　　工作就意味著責任，執行工作任務的過程就是承擔責任、履行職責的過程。責任就是對自己所負責的工作和任務的忠誠和堅守，是不計條件、不找藉口全力以赴地去執行。

　　兩匹馬各拉一輛木車。前面的一匹走得很好，而後面的一匹常停下來東張西望，顯得心不在焉。

於是，人們就把後面一輛車上的貨挪到前面一輛車上去。等到後面那輛車上的東西都搬完了，後面那匹馬便輕快地前進，並且對前面那匹馬說：「你辛苦吧，流汗吧，你越是努力幹，人家越是要折磨你，真是個自找苦吃的笨蛋！」

來到車馬店的時候，主人說：「既然只用一匹馬拉車，我養兩匹馬幹麻？不如好好地餵養一匹，把另一匹宰掉，總還能拿到一張皮吧。」於是，主人把這匹懶馬殺掉了。

把馬換成人，雇主當然不會把不稱職的員工殺掉，但他肯定會解雇他。而剩下的那匹馬，似乎表現得「自討苦吃」，但後來卻成為主人不可替代的拉車馬匹。

職場很多人也像這匹馬一樣，經常偷懶，糊弄工作，我們稱之為「磨洋工」。對於上司交辦的任務，敷衍了事，虛與應付，總是覺得做與不做一樣，差不多就行了。這樣的人是無法做好工作、完成任務的，無法勝任本職工作的，也難以在職場上生存下去。

著名管理學家奧・丹尼爾（O. Daniel）在他那篇著名的《員工的終極期望》（*The Ultimate Expectations of Employees*）中這樣寫道：「親愛的員工，我們之所以聘用你，是因為你能滿足我們一些緊迫的需求。如果沒有你也能順利滿足要求，我們就不必費這個勁了。但是，我們深信需要有一個擁有你那樣的技能和經驗的人，並且認為你正是幫助我們實現

目標的最佳人選。於是，我們給了你這個職位，而你欣然接受了。謝謝！

「在你任職期間，你會被要求做許多事情：一般性的職責、特別的任務、團隊和個人專案。你會有很多機會超越他人，顯示你的優秀，並向我們證明當初聘用你的決定是多麼明智。

「然而，有一項最重要的職責，或許你的上司永遠都會對你祕而不宣，但你自己要始終牢牢記在心裡。那就是公司對你的終極期望 ──『永遠做非常需要做的事，而不必等待別人要求你去做。』」

這個被奧‧丹尼爾稱為「終極期望」的理念蘊含著這樣一個重要的前提：無論你在哪裡工作，無論你的老闆是誰，管理階層都期望你始終擔當責任，運用個人的最佳判斷和努力，為了公司的成功而把需要做的事情做好，決不糊弄工作。

責任是一名高效能執行者的工作宣言。在這份工作宣言裡，你首先表明的是你的工作態度：我要以高度的責任感對待我的工作，勇於承擔和堅決執行上級交給我的任何任務，對於工作中出現的任何問題都勇於承擔。這是保證你的任務能夠有效完成的基本條件。

我們要將責任深深根植於內心，讓它成為我們腦海中一種強烈的自覺意識。在工作的過程中，這種責任意識將使我們更加卓越。

精準執行，沒有任何藉口

作為一名員工，不論上司交給的是什麼任務，都要勇於接受，不找藉口，堅持執行。

著名的美國西點軍校有一個久遠的傳統，遇到學長或軍官問話，新生只能有四種回答：

「報告長官，是。」

「報告長官，不是。」

「報告長官，沒有任何藉口。」

「報告長官，我不知道。」

除此之外，不能多說一個字。其中「沒有任何藉口」是許多人一開始最不適應，但隨後最為推崇的一句話。

新生可能會覺得這個制度不盡公平，例如軍官問你：「你的皮鞋這樣算擦亮了嗎？」你當然希望為自己辯解，如「報告長官，排隊的時候有位同學不小心踩到了我」。但是，你只能有以上四種回答，別無其他選擇。在這種情況下，你也許只能說：「報告長官，不是。」如果學長再問為什麼，唯一的適當回答只有：「報告長官，沒有任何藉口！」

在西點，接到命令時，他們沒有任何藉口，「保證完成任務」；遇到困難時，他們要努力尋找方法，不找任何藉口；違

反紀律時，他們要勇於承擔責任，沒有任何藉口；面臨挫折時，他們還是要挺身而出，沒有任何藉口！

在「二戰」時期，盟軍決定在諾曼底登陸。在正式登陸之前，艾森豪（Dwight D. Eisenhower）決定在另外一個海灘先嘗試一下登陸的困難。他把這個任務交辦給了三位部下。經過多次的討論，那三位部下一致認為這是一次不可能成功的行動，所以他們力勸艾森豪取消這個計畫。後來，艾森豪把這個任務交給了希曼將軍，希曼將軍義無反顧地接受了這一任務。雖然這次戰鬥極其慘烈，盟軍損失 1,500 人，幾乎全軍覆沒，但是這場戰鬥為後來的諾曼底登陸提供了不可多得的經驗和教訓，從而使諾曼底登陸一舉成功。

希曼將軍就是一位服從指揮、具有強大執行力的優秀將才。他接到任務後不多說一句話，就是不折不扣地去執行，這種強大的執行力來源於士兵心目中「沒有任何藉口」的意識。

從西點軍校出來的學生許多後來都成為傑出將領或商界奇才，不能不說這是「沒有任何藉口」的功勞。

「沒有任何藉口」，強調的是每一位員工想盡辦法去完成任何一項任務，而不是想方設法地為自己找藉口。

我們要勇於承擔任務和責任，拒絕任何藉口。承擔與面對是一對姐妹，面對是勇於正視問題，而承擔意味著解決問

題的責任，讓自己擔當起來。沒有勇氣，承擔就沒有基礎；沒有承擔力，面對就沒有價值。放棄承擔，就是放棄一切。

藉口往往與責任相關，高度的責任心產生出色的工作成果。要做一個優秀員工，就要做到沒有藉口，勇於負責是你的天職。許多員工習慣於等候和按照上司的吩咐做事，似乎這樣就可以不負責任，即使出了錯也不會受到譴責。這樣的心態只能讓人覺得你目光短淺，而且永遠不會將你列為升遷的人選。

藉口對我們有百害而無一利，勇於負責就要徹底摒棄藉口。假如一個人能夠義無反顧地承擔責任，無所畏懼地執行任務，那麼他就會無往而不利。

不找任何藉口地完成任務

1861 年，林肯（Abraham Lincoln）就職總統之後發現美國對戰爭的準備嚴重不足。聯邦只有一支裝備簡陋、訓練欠缺的 16,000 人的隊伍，而它的指揮官 —— 史考特（Winfield Scott），已是一位 75 歲高齡的老將軍。林肯非常清楚，為了使整個國家免於分裂，他需要一個具有執行力的人，於是林肯選定了喬治‧麥克萊倫（George B. McClellan）。

　　麥克萊倫有極高的聲望且極富軍事才能，但是他有一個致命弱點掩蓋了他軍事生涯的所有優秀表現，那就是他總是瞻前顧後，習慣於過多地思考問題，然後尋找理所當然的藉口而不肯採取行動。

　　將近 3 個月過去了，麥克萊倫沒有採取任何行動，林肯只能一次次督促他行動。

　　1862 年 4 月 9 日，林肯再次寫信給麥克萊倫督促他採取行動。「我再次告訴你，你不管怎樣也得進攻一次吧！」在信的結尾，林肯甚至懇切地寫道，「我希望你明白，我從來沒有這樣友好地寫信給你過，我實際比以往任何時候都更支持你，但無論如何能不能不找任何藉口，打上一仗？」

　　在林肯發出此信之後的一個月，麥克萊倫的軍隊繼續延誤戰事，林肯只得在國務卿斯坦頓和蔡斯的陪同下親臨前線督戰，而麥克萊倫竟然藉口脫不開身不肯與林肯會合，於是林肯只好撤換了麥克萊倫。1862 年 7 月 11 日，林肯委任亨利‧哈勒克（Henry Halleck）將軍為聯邦司令，這時距麥克萊倫被任命為聯邦總司令的時間還不到一年。

　　懦弱的人尋找藉口，想透過藉口心安理得地為自己開脫；失敗的人尋找藉口，想透過藉口原諒自己，也求得別人的原諒；平庸的人尋找藉口，想透過藉口欺騙自己，也使別人受騙。但是，藉口不是理由，找藉口為人帶來的嚴重後果就是

讓你失去實現成功的機會，最終一事無成。

喬治‧華盛頓‧卡佛（George Washington Carver）說：「99％的人之所以做事失敗，是因為他們有找藉口的惡習。」

找藉口的代價非常大，因為你不願正視事實，只是千方百計地想著如何推脫責任。一個令我們心安理得的藉口，往往使我們失去改正錯誤的機會，更使我們失去進步的動力。世界上喜歡找藉口的人很多，他們自欺欺人、善於為自己的錯誤尋找藉口，結果搬起石頭砸了自己的腳，受傷害的總是自己。工作中的各類藉口帶來的唯一「好處」，就是讓你不斷地為自己的失職尋找託詞，長此以往，你可能就會形成一種尋找藉口的習慣，任由藉口牽著你的鼻子走。

這種習慣具有很大的破壞性，它使人喪失進取心，讓自己鬆懈、退縮甚至放棄。一旦養成找藉口的習慣，你的工作就會拖拖拉拉，執行就會效率低下，做起事來就會偷工減料、敷衍了事，這樣的人面對任務不可能有破釜沉舟的勇氣和決心，也很難有成功的人生。

執行任務，不找任何藉口，是每個員工最基本的職責。工作的天職就是無條件地執行上級的命令，全力以赴地完成。

從「要我做」到「我要做」

　　世界著名的成功學專家拿破崙・希爾（Napoleon Hill）曾經聘用了一位年輕的小姐當助手，替他拆閱、分類及回覆他的大部分私人信件。當時，她的工作是聽拿破崙・希爾口述，並記錄信的內容。她的薪水和其他從事相類似工作的人大致相同。

　　有一天，拿破崙・希爾口述了下面這句格言，並要求她用打字機印出來：「記住：你唯一的限制就是你自己腦海中所設立的那個限制。」

　　她把打好的紙張交還給拿破崙・希爾時說：「你的格言使我獲得了一個想法，對你、對我都很有價值。」

　　這件事並未在拿破崙・希爾腦中留下特別深刻的印象，但從那天起，拿破崙・希爾可以看得出來，這件事在助手小姐腦中留下了極為深刻的印象。助手小姐開始在用完晚餐後回到辦公室來，並且從事不是她分內的而且也沒有報酬的工作。她開始把寫好的回信送到拿破崙・希爾的辦公桌上。她已經研究過拿破崙・希爾的風格。因此，這些信回覆得跟拿破崙・希爾自己所寫的一樣好，有時甚至更好。她一直保持著這個習慣，直到拿破崙・希爾的私人祕書辭職為止。當拿破崙・希爾開始找人來補這位祕書的空缺時，他很自然地想

到這位小姐。

但在拿破崙‧希爾還未正式給予她這項職位之前，她已經主動地接受了這項職位。由於她在下班之後，以及沒有支領加班費的情況下訓練自己，終於使自己有資格出任拿破崙‧希爾的私人祕書。

不僅如此，這位年輕小姐高效的辦事效率引起了其他人的注意，有很多人為她提供更好的職位請她擔任。她的薪水也多次加薪，最後已是她當初作為普通速記員薪水的好幾倍。

一般人認為，工作任務需要老闆分配和安排，自己去向老闆爭取或是主動做老闆沒有交代的事情，會顯得多餘，也是在給自己找麻煩，只要完成老闆分配的任務就可以了。這種想法是片面和有害的。

對於一個優秀的員工而言，公司的組織結構如何，誰該為此問題負責，誰應該具體完成這一任務，都不是最重要的，他心目中唯一的想法就是如何將問題解決、如何完成任務，以及實現公司整體目標。

個人的主動進取精神很重要。所謂主動，就是老闆沒有要求你、吩咐你，你卻能自覺而且出色地做好需要做的事情。一個做事主動的人，知道自己工作的意義和責任，並隨時準備把握機會，展示超乎他人要求的工作表現。

在工作中，我們要消除「公司要我做些什麼」的想法，多想想「我要為公司做些什麼」。要主動承擔責任，自覺執行任務，從「要我做」到「我要做」，比老闆期待的做得更快、更多，才能將執行做到位，圓滿地完成各項任務。

執行的回答只有一個字：「是！」

所謂軍令如山，部隊士兵在首長交代完任務的時候，伴隨著英武的軍禮的是一聲乾脆響亮的回答：「是！」執行任務也應當如此，每當老闆安排一個新的任務時，我們都要痛快地回答「是」，而不是「我考慮考慮」「工作起來有些為難」、「還是讓別人做吧」、「這個……」

王新在一次與朋友的聚會中激憤地對朋友抱怨老闆長期以來不肯給自己機會。他說：「我已經在公司的底層掙扎了十五年，仍時刻面臨著失業的危險。十五年了，我從一個朝氣蓬勃的青年人熬成了中年人，難道我對公司還不夠忠誠嗎？為什麼他就是不肯給我機會呢？」

「那你為什麼不自己去爭取呢？」朋友疑惑不解地問。

「我當然爭取過，但是爭取來的卻不是我想要的機會，那只會使我的生活和工作變得更加糟糕。」他依舊憤憤不平、義

憤填膺。

「能對我講一下那是什麼嗎？」

「當然可以！前些日子，公司派我去海外事業部，但是像我這樣的年紀、這種體質，怎能經受得了如此的折騰呢？」

「這難道不是你夢寐以求的機會嗎？怎麼你會認為這是一種折騰呢？」

「難道你沒看出來？」王新大叫起來，「公司本部有那麼多的職位，為什麼要派我去那麼遙遠的地方，遠離故鄉、親人、朋友？那可是我生活的中心呀！再說我的身體也不允許呀！我有心臟病，這一點公司所有的人都知道，怎麼可以派一個有心臟病的人去做那種開荒的工作呢？又髒又累，任務繁重而又沒有前途……」他絮絮叨叨地羅列著他根本不能去海外事業部的種種藉口！

這次他的朋友沉默了，因為他終於明白為什麼十五年來王新沒有獲得他想要的機會，並且也由此斷定，在以後的工作中，王新仍然無法獲得他想要的機會，也許終其一生，他也只能等待。

推脫責任、尋找藉口讓我們暫時逃避了困難和責任，獲得了些許心理上的安慰，可是，久而久之就會形成這樣一種局面：執行任務時努力尋找藉口來掩蓋自己的過失，推卸自己本應承擔的責任。

這樣的人，在企業中不會成為稱職的員工，也不是企業可以期待和信任的員工；在社會上也不是大家可信賴和尊重的人。這樣的人，注定只能是一事無成的失敗者。

在職場中，優秀的員工從不在工作中尋找任何藉口，他們總是把每一項工作盡力做到超出客戶的預期，盡量滿足客戶提出的要求，也就是「滿意加驚喜」，而不是尋找任何藉口推諉；他們總是出色地完成上級安排的任務；他們總是盡力配合約事的工作，對同事提出的幫助要求，從不找任何藉口推託。做事情「沒有任何藉口」的人，他們身上所展現出來的是一種服從、誠實的態度，一種負責敬業的精神，一種完美的執行力。

雷厲風行，立即執行

軍隊是一種以速度和執行力著稱的群體。他們之所以具備這樣的素質，都是因為軍隊奉行絕對服從的理念。他們雷厲風行，決不拖延時間，他們是一個個不折不扣的執行者。

我們在執行任務時也應當具備這樣的態度和精神，一旦接受任務，就要立即去執行，而不是尋找藉口，拖延等待。

王琳在一家大型建築公司任審計員，常常要跑工地、看

現場，還要為不同的老闆修改工程預算方案。工作非常辛苦，報酬也不高，但她仍主動地去做，毫無怨言。雖然她是審計部唯一一名女性，但她從不因此喊冤叫屈，每次接到任務都是毫不遲疑、立即去做。

一天，老闆安排她為一名客戶做一個專案計畫，時間只有兩天。接到任務後，王琳立即開始工作。兩天裡，她跑建材市場，調查各種原材料的價格，又四處查詢數據，虛心向前輩或同事請教。兩天後，王琳把一份完美的預算方案交給了老闆，她也因此得到了老闆的肯定。現在，王琳已經成為公司預算部門的主管。老闆不但提拔了她，還將她的薪水翻了兩倍。後來，老闆告訴她：「我知道給你的時間很緊，但我們必須盡快把預算方案做出來。你表現得非常出色，我最欣賞你這種立即執行、積極主動的人！」

人性本身是放縱、散漫的，表現在對目標的堅持、時間的控制上做得不到位，不能按時完成任務。如果拖延已開始影響工作的品質，就會變成一種自我耽誤的形式。

當你肆意拖延某個專案，花時間來削大把大把的鉛筆，或者規劃「一旦⋯⋯」就開始某項工程時，你就為自我耽誤奠定了基石。巧妙的藉口，或有意忙些雜事來逃避某項任務，使得無法進行有效的覆命，只能使你在這種壞習慣中愈陷愈深。今日不清，必然累積，一累積就拖延，拖延必墮落、頹

廢。延遲需要做的事情，會浪費工作時間，也會產生不必要的工作壓力。

「立即去做」是一個良好的開端，它會帶動我們更容易地去做更多的事情。在工作中接到新任務，要學會立刻著手去做，迅速去執行。只有這樣，才能在工作中不斷摸索、創新，一步步排除困難。如果一味地拖延、思考，只會在無形中為自己增加更多的問題，這將不利於自己在工作中做出新成績。當然，為了更好地去做，我們可以分割目標，設定期限，並且及時檢查督促自己的進展。

執行只有「這次」，沒有「下次」

不少人在執行任務時，總是會徘徊猶豫，反覆斟酌到底要不要做。這種矛盾的心理常常會讓他們拖延，最終使得執行的目標離自己越來越遠。

在執行中，有許多應該做的事，不是我們沒有想到，而是我們沒有立刻去做。可能是因為忙，比如一個事務繁忙的人，想到某一件事該做，但當時沒有時間，於是想「等一下再說吧」，但等一下後又為其他事務分了神，最後就把這件事忘了。還可能是因為懶惰的惡習，比如有些人雖然不忙，可

是他喜歡拖延。該做的事雖然想到，卻懶得立刻著手去做，心想「以後再說吧」，可時過境遷，已經失去適當的時機了。或者客觀因素的影響，比如常聽人說：「我知道今天該做這件事，但是今天我情緒不好、狀態不好、條件不好，這樣那樣不好，還是以後再說吧。」這些理由都會導致無止境的拖延，最後使自己辦事效率低下，也讓本不該錯過的機會失去了結果。

其實拖延就是縱容惰性，也就是給惰性機會，如果形成習慣，它很容易會消磨人的意志，使我們對自己越來越失去信心，使我們懷疑自己的毅力、懷疑自己的目標，甚至會使自己的性格變得猶豫不決，養成一種辦事拖拖拉拉的壞習慣。

我們要想盡一切辦法不去拖延。最好的辦法是「逼迫法」，也就是在知道自己要做一件事的同時，立即讓自己去執行。

也許在開始的時候，你會覺得做到「立即行動」很不容易，因為這樣難免發生失誤。但最終你會發現，「立即行動」的工作態度，會成為你實現個人價值的重要方法。當你養成「立即行動」的執行習慣時，你就掌握了個人進取的祕訣。當你下定決心永遠以正面的心態做事時，你就朝自己的成功目標邁出了重要一步。

那些出眾的人不會為自己的拖延尋找藉口，所謂的情緒、效率等都不能成為你拖延工作、緩慢執行的理由，我們能做的就是盡快調整自己的狀態，讓自己去適應工作，而不是隨著自己的心情去工作。

執行任務就是立即、馬上、現在，只有「這次」，而不是等「下次」。

第 3 章　目標精準
── 充分理解上司的意圖

　　豹子捕獵的精準度非常高，可以說是百發百中，牠之所以有傲人的捕獵成績，是因為它每次行動之前，總是先釐清一個明確的捕獵目標，然後心無旁騖地追捕這個目標。

　　要做到精準執行，首先就要明白自己的目標是什麼。我們的目標是什麼呢？就是準確貫徹落實上級部署任務時的每一個思路、每一個行動方案。及時、清晰明白上司意圖，是減少執行錯誤，精準執行任務的前提和保障。

釐清大目標，執行有方向

　　為什麼有的人在很短的時間裡就能創造出很高的效率，而有的人忙忙碌碌卻最終一事無成呢？關鍵在於他沒有注意到所做的事情的方向性，他把精力消耗在偏離方向的不重要的事情上，從而做了一些無用工。他們在羨慕別人成功的同時，還往往不知道自己的失誤到底在哪裡。

　　不論做什麼事，首先要釐清方向，方向明確了，才能沿著正確的路徑抵達目標，努力才有結果，做事才有效率。執行更是如此，方向明確是執行的關鍵點。執行之前一定要三思，釐清你該往哪個方向走。

　　成功的人無論做什麼事情，都把目標看得很清楚才開始行動。如果沒有明確的目標，一味蠻幹，是決不會獲取成功的。

1. 聚焦目標

　　馳名國際的舞蹈藝術家在回憶自己的成才道路時，告訴人們「聚焦目標」的際遇：「因為熱愛舞蹈，我就準備一輩子為它受苦。在我的生活中，幾乎沒有什麼八小時以內或以外的區別，更沒有假日或非假日的區別。筋骨肌肉之苦，精神

疲勞之苦，都因為我熱愛舞蹈事業而產生。但是我也是幸福的。我把自己全部精力投注於舞蹈事業上，心甘情願為它吃苦，從而使我的生活也更為充實、多彩，心情更加舒暢、豁達。」反之，那些什麼事情都想做的人，其實什麼事都不能做，而終歸於失敗。

在工作中，執行任務要有明確的方向，不是憑著感覺走。否則，我們最終將被混亂控制。

2. 先確定方向再著手，方向比速度更重要

18 世紀後半葉，歐洲探險家來到澳洲，發現了這塊「新大陸」。1802 年，英國派弗林達斯（Matthew Flinders）船長帶船隊駛向澳洲，想最快地占領這塊寶地。與此同時，法國的拿破崙（Napoléon Bonaparte）為了同樣的目的也派阿梅蘭船長駕駛三桅船前往澳洲。於是，英國和法國展開了一場時間上的比賽。

法國先進的三桅快船很快捷足先登，占領了澳洲的維多利亞，並將該地命名為「拿破崙領地」。隨後他們以為大功告成，便放鬆了警惕。當他們發現了當地特有的一種珍奇蝴蝶時，為了捕捉這種蝴蝶，他們全體出動，一直追入澳洲腹地。

這時候，英國人也來到了這裡，當他們看到法國人的船隻，以為法國人已占領了此地，非常沮喪。但仔細一看，卻

沒發現法國人，於是船長立即命令手下人安營紮寨，並迅速報喜訊給英國首相。

等到法國人興高采烈地帶著蝴蝶回來時，這塊面積相當於英國大小的土地，已經牢牢地掌握在英國人手中了，留給他們的只是無盡的悔恨。

法國人雖然提前到達了目的地，但是他們在沒有完全實現目的時不小心偏離了自己的方向，導致功虧一簣，前功盡棄。

很多人在工作中，很少考慮工作的方向，不知自己最終要實現什麼樣的目標，得到什麼樣的結果。在行動的方向上，總是處於盲從的狀態，而不是根據自己內心的願望和目標來考慮問題，這樣的結果會使自己對工作失去樂趣和激情，最終離成功的目標越來越遠，甚至迷失方向。

逆著方向走一百步，還不如順著方向走一步。因此，永遠別為自己錯誤的付出惋惜不止，應該按著正確的方向加緊前行。

釐清執行的方向，行動起來不僅節省時間，同時也有成效，從而避免忙忙碌碌而又毫無結果。一個最簡單的做法，就是經常問一問自己：我的目標是什麼？我的所作所為對實現目標是否有益？直到你實現這個目標為止。

領會上司意圖是執行必修課

「差之毫釐，謬以千里。」這句話用來比喻工作中的執行效果，實在是再貼切不過。作為員工，在執行上級上司交辦的工作任務和事項時，要全神貫注、嚴謹細緻，執行任務、處理問題不能出絲毫差錯。

在現實工作中，雖然很多人工作十分認真，但因為沒準確領會上司的意圖，而導致自己的工作不被認可，甚至給公司帶來損失。

某公司來了幾位外地的客戶，上司指派同事小張去負責接待，還特別當著客戶的面囑咐小張，一定要照顧好、招待好客人。小張不僅安排客戶吃飯、喝茶，還特意利用週末休息的時間，帶著客戶去遊覽景點，可謂盡心盡力。好不容易把人家送上了飛機，回到公司卻被上司指責了一頓：這幾個人都是普通員工，為什麼招待得這麼鋪張？小張很委屈，心想：這不是您特意要求讓好好招待人家嗎？我這連週末都貢獻出去了，非但沒有獲得表揚，怎麼還被指責呢？

上面的情形並非是發生在哪一家公司的特例，而是我們平時工作中經常遇到的情形。作為員工，接受任務、執行任務，都要在準確領會上司意圖的前提下進行。

　　這裡所說的上司意圖，是上司在交代工作、下達任務、做出指示時的本意或意向，希望達到的目標和效果，它是組織工作的出發點和歸宿。它既反映了上司對某項工作的思想和要求，又展現了其獨特的領導藝術、思維方法和處事原則，往往具有切中要害、揭示規律、觸及工作本質的特點。

　　員工只有把上司的意圖理解準、領會透，出謀劃策才能對路、合理，執行任務才能準確、到位。

　　上司是公司和組織的領袖，員工不僅要準確領會上司的意圖，更要弄清上司的真正本意，而不能似懂非懂，片面理解。上司的風格千差萬別，有的習慣整體而言，有的喜歡具體；有的講話很快，有的說話很慢；有的樂於直接表達，有的慣於委婉含蓄。關鍵是，有時你聽到的是這個意思，可偏偏上司心裡卻是另一種想法，而這也是大部分上司都會有的工作風格 ── 你聽到的與上司的真實想法有一定的差距，這就全靠你能否正確領會了。

　　將上司的意圖領會好、把握準，是做好工作、精確執行任務的一個最基本前提。

　　了解上司意圖是每一位下屬必修的一門功課，只有精通了這門功課，我們才能在與上司的交往中變得更為靈活，執行任務時才能有的放矢、把握好方向，才能準備無誤地實現工作目標。

領會上司意圖「四要」

由於上司交代工作、表述意圖的時機、場合和方法不同，領會起來有難有易，方法也不盡相同。有的意圖十分明確、具體，有的則比較籠統、模糊。

那麼，如何才能準確地領會上司的意圖呢？

一要注意從上司的言談中捕捉。

上司的設想、主張，大都要透過言談展現出來，所以無論是與上司一起檢查工作、參加會議，還是在處理日常事務中，對上司的講話以及主要觀點和主張，都要注意傾聽和理解，特別是對上司的口頭交代，更要全面理解、反覆領會。另外，對上司在各種非正式場合的談話，平時比較零碎的看法、意見等，也要「善聞其言」，注意蒐集。雖然這些一時可能用不上，但它往往是形成上司意圖的重要過程和內容，把握它就能為及時、準確捕捉上司意圖打下基礎。

二要從上司的行為中發掘。

對上司意圖的把握不僅要善於「聽其言」，還要善於「觀其行」。比如，這段時間上司比較關注哪方面的動態、去哪個部門調查研究等，注意從上司的行為表現中發現其思想和主張。

三要從上司的文稿中揣摩。

無論是上司親自撰寫的文稿，閱讀的各種檔案、報刊的批示和閱示，還是為下級人員草擬資料提出的修改意見，都常常是上司對某一問題的思想和觀點的反映。悉心研究上司的這些反映，就能從中把握其思想本質，洞察其意圖。

四要善於站在上司的高度觀察思考問題。

領會上司意圖時，如果站在自己分管工作的區域性看問題，往往導致理解層次偏低，得出結論片面。這就要求我們盡量做到與上司同步思維，善於圍繞上司的主要觀點，按照其原有的思路思考，並以此為主線反覆思索、領會，把上司的思想和意圖拿準、吃透。

領會上司意圖「四不要」

準確領會上司意圖，除了要做到上述幾點外，還應特別注意克服和糾正以下幾個問題。

一是受意時不要一知半解。

口頭接受上司意圖時，有的本來對上司意圖一知半解、似是而非，沒有弄清上司的本意，但由於怕上司說自己理解

能力差、思維不敏捷，更不敢向上司提「為什麼」，只好輕率違心地回答「明白」「是」，做出沒有問題、堅決執行的承諾。由於受意模糊不清，理解起來往往陷入困境，甚至「卡住」。有時之所以「出力不討好」，在上司面前出現「這不是我的意思」的難堪局面，受意不清是一個重要的原因。

二是理解時不要生搬硬套。

有的在理解上司授意時，習慣於照話直錄、機械套搬，從表面上孤立地去理解；也有的拘泥於隻言片語，片面咬文嚼字。由於理解不全面、不系統，缺乏連續思維和綜合思考，往往只能依葫蘆畫瓢，挖掘不出深層次的東西，最後也只能產生出「半成品」。要創造性地領會好上司意圖，就要努力提高思維層次，拓寬思維管道，不斷累積學習，否則就難以向上司交出滿意答覆。

三是貫徹時不要唯命是從。

有的在理解上司意圖時缺乏正確分析和深思熟慮，有順風倒的現象，始終把自己放在被動的位置，上司說什麼就是什麼，建議不敢提，問題不敢指，很少發表自己的見解。事實上，絕大多數上司都是喜歡廣開言路，博採眾長的，只要問題提得準，方法適度，上司會虛心接受的。

四是處置時不要固執己見。

有的在領會上司意圖時，不管上司好惡，喜歡用自己的「口味」取捨，把自己的意志強加於上司身上。更有甚者，認為自己水準高、能力強，對上司意圖是「你按你的意思說，我按我的想法辦」，這就更不對了。當自己的觀點與上司意圖有分歧時，最好適時提出有理有據的建議，供上司參考，最後還得上司定奪，不能先斬後奏、喧賓奪主，更不能我行我素、固執己見。

總之，準確領會、把握上司意圖的過程，是一個在學習實踐中不斷摸索、累積、彙整、提高的過程，不可能一蹴而就。我們必須堅持不懈地在做中學、在學中做，不斷提高我們領會、把握上司意圖的技巧，提高做好工作的本領，提高任務的執行品質。

豎直耳朵聆聽上司吩咐

在上司委派任務時，我們應該仔細聆聽，了解上司對我們的期望，以及為了實現目標上司有哪些具體要求。

在工作中也不難發現，很多員工在與上司交談的時候，往往是緊張地注意著上司對自己的態度究竟是褒還是貶，構

思著自己應該做出何種反應，反而沒有真正去聽上司所談的問題，更沒能理解好上司的話裡所蘊含的暗示。這就會讓自己不能及時、準確地理解上司的意圖，在執行任務過程中摸不清方向，工作中出現偏差和失誤。

因此，認真、專注地傾聽上司的談話，是確保執行精準、到位的首要一步。

那麼，怎樣傾聽才是正確的呢？

當上司講話的時候，你要專心致志，排除一切雜念，不要埋著頭躲著上司的視線，而要用眼睛注視著上司，對上司的發言表現出認真思考的樣子。真正的傾聽，是要用心、用眼睛、用耳朵去聽的。我們不但要學會用耳朵傾聽，還要學會用心去傾聽。

1. 保持良好的精神狀態

良好的精神狀態是保證傾聽品質的重要前提。如果讓上司感覺到你的狀態萎靡不振，上司就會認為你對他的談話毫無興趣，或者你根本不把他放在眼裡。所以，在傾聽上司說話時，要努力維持大腦的警覺，而保持警覺也會使大腦處於興奮狀態。

2. 要虛心聽

　　傾聽中要尊重上司的觀點。特別是上司還沒有充分地把自己的意思表達清楚的時候，不要輕易表態、亂下斷語，也不要挑剔指責。

3. 要專心聽

　　傾聽時要精神集中，神情專注。應善於運用自己的姿態、表情、插入語和感嘆詞，如微笑、點頭等，都會使談話更加融洽。為表示自己注意傾聽，要多與上司交流目光，上司講話時要適時點頭，並發出「是」、「對」、「哦」等應答。但不要輕易打斷上司的談話，也不要隨便插話，若非插話不可，要先向對方表示抱歉，並徵得對方同意，如「對不起，我可以提個問題嗎？」或「請允許我打斷一下」。適時、適度地提出問題也是一種傾聽的方法，它能夠鼓勵上司，有助於雙方的相互溝通。

4. 不要隨便打斷上司講話，要有耐心

　　傾聽中要注意控制自己的情緒。有時會因為上司過長的發言或自己不感興趣的話題而感到厭煩，這時要學會控制自己的情緒，不要使之表露出來，要耐心聽他把話講完，這是

對上司的尊重。當上司由於情緒激動等原因，在表達時出現一些零散甚至混亂的局面，你都應該耐心地聽完他的敘述。即使有些內容是你不想聽的，也要耐心地聽完。

傾聽過程中，千萬不要在上司還沒有表達完自己的意思時就隨意地打斷他的話。即使你不同意上司的看法，也不要輕易打斷他的談話。如確有必要，須等上司講完後再闡明自己的觀點。

帶上紙筆，隨時記錄上司講話

上司在交代任務發表講話時，通常是即興的，不會從頭再說。有時說話的內容較長，涉及的工作問題較多，如果只靠兩隻耳朵傾聽就不容易記住上司講話的全部內容，這就會讓自己在理解上司意圖、執行任務造成困難和不便。

因此，在傾聽過程中有必要做好記錄，對上司講話的重要內容和有疑問的地方要不時地做一下記錄。

做記錄要做到四點：一快、二要、三省、四代。

一快，即記得快。

字要寫得小一些、輕一點，多寫連筆字。要順著肘、手的自然去勢，斜一點兒寫。

二要，即擇要而記。

要圍繞上司發言的中心、主題、要點做記錄，記其發言要點、任務要點、主要結論，工作關係不大或不太重要的細枝末節可以不記。就記一句話來說，要記這句話的中心詞，修飾語一般可以不記。如果記的句子較長，要注意前後意思的連貫性；也可斷章取義，用短句分條記錄重點內容。

三省，即在記錄中正確使用省略法。

如使用簡稱、簡化詞語和統稱。省略詞語和句子中的附加成分，省略較長的俗語、熟悉的片語，句子的後半部分，畫一曲線代替，省略引文，記下起止句或起止詞即可，會後查補。

四代，即用較為簡便的寫法代替複雜的寫法。

一可用姓代替全名，二可用筆畫少易寫的同音字代替筆畫多難寫的字，三可用一些數字和國際上通用的符號代替文字，四可用拼音代替生詞難字，五可用外語符號代替某些詞彙等等。但在整理紀錄時，應按規範要求，整理成規範的表述。

複述上司意圖，達成共識

在聽到上司的指令以及解釋後，下屬必須迅速做出回應，以讓上司確信你已真正理解了他的意圖，同時也可糾正自己對上司意圖理解上的偏差。

如何準確、得體地回應上司、複述上司交代任務的要點，是一個技巧問題。有時候，你領會了上司的意思並表達出來後，上司會高興地讚許：「沒錯，我要說的就是這個意思。」而有時候上司則會皺著眉頭更正你：「不對，其實我的意思是這樣……」可見，準確地領會上司的意思，並且給予正確的回饋，難度不小。在確保正確領會的同時，還必須注意表達的方式。

趙老闆對助理顧傑一向很欣賞，顧傑做事一絲不苟，不論趙老闆交代什麼工作，他都能盡心盡力地完成，而且顧傑還是從趙老闆創業之時的助理，但顧傑幾年來一直都沒有升職，令許多同事感到不解。不能升職的原因在於，趙老闆並不相信顧傑具有統帥的才能。「每次我與他談話、吩咐他去完成一項任務時，他總會重複我話尾的幾個字。」趙老闆無奈地說，「比如我告訴他說『這件事請你明天辦好』，他就會回答『明天辦好』這幾個字。一次沒關係，但每次都是如此，讓我覺得很煩。我明白他是在告訴我他已經了解了任務的要點，

但這樣的回答方式令我很不舒服。」

上司下達命令後，往往關注下屬對任務的理解程度以及解決方案，他希望下屬能夠很快就對任務有一個宏觀的把握，並且有解決問題的大致思路。作為下屬，在接受任務之後，就應該立刻積極動動腦筋，對新任務有一個初步的思考和了解，尤其是要對任務的重要性、完成過程和存在的困難有充分的了解。在初步了解的基礎上，不妨對上司簡單談談你對工作任務的想法以及你的解決方案，而對於自己能力範圍之外的困難，也要及時向上司說明，請上司協調解決。

記住，在與上司就工作任務溝通的時候，有效的複述通常包含兩個部分：首先要簡短地告訴上司「我已經明白了您的意思」，接下來就要把重點放在執行的解決方案上。

不明白之處要及時請教

對於上司的講話內容、交代的工作任務，如果自己感覺沒有理解透澈、把握不準或是有疑問的地方，就要適時向上司提問，問明上司的意圖，與上司達成共識。

一個好的問題，其實對自己有非常大的幫助，可以改變上級對你的認可和更深的了解，可以幫你更好地和上級溝

通，而且經常性地思考問題也能提升自己發現問題的洞察力，提高解決問題的能力，可增加對事務的把握，同時也能加強對未來決策的影響力。

有的員工在接受上司安排的任務時，實際上並沒有弄清楚任務的本意，但是擔心上司指責自己，或者讓別人說自己工作能力差、理解能力弱，怕給上司留下壞的印象，從而不敢向上司問明白，更不敢說「為什麼要這樣，為什麼不那樣等」，而是違心地說「知道了」、「明白」、「好的」。然而，最終在執行任務過程中漏洞百出、問題叢生，很多事情都走了樣，與上司的意圖相離甚遠，這樣不僅浪費了時間和精力，也影響了大家的工作進度，耽擱了公司的經營計畫。

因此，在工作中，不管上司交代什麼任務，懂就是懂，會就是會，理解就是理解。不懂就要問。雖然問了，上司會說些其他的話，但是問過之後，問題你理解了、弄清楚了，工作起來就會得心應手，執行效率也會得到大幅提升。

有心的上司，都希望他的下屬來詢問。下屬來詢問，一方面，表示下屬眼裡有上司，相信上司的決定；另一方面也表示他在工作上有不明白之處，希望得到上司的回答，以減少工作上的失誤。

如果員工假裝什麼都懂，一切事都不想問，上司會覺得「這個人恐怕不會是真懂」而感到擔心，也會對你是否會

在重大的問題上自作主張而產生擔憂。上司一般只看最終結果，不在乎過程。所以該問的就要問，該向上司挑明的就要挑明，要問清上司對某一階段、某項工作、某個的考慮和想法，這樣才能盡量避免自己在執行任務過程中走彎路。

當然，向上司提問也有技巧，不要展示你的無知和膽怯，而是透過讚美上司來實現，比如：「上司，你說的這個問題好高深，能不能再解釋給我聽一次？我保證確實執行。」或者：「這件事依我看這樣做行不行，不知您認為應該如何？」等等。你說上司喜歡木訥、機械的下屬，還是喜歡主動溝通的員工？

工作中，你有沒有常常向上司詢問有關工作上的事？或者是自己有什麼問題，有沒有跟他一起商量？

如果沒有，從今天起，你就應該改變方針，盡量地發問。部下向上司請教，並不可恥，而且是理所當然的。

上司指示清晰具體如何執行

大多數上司在向下屬交代工作時會給予明確地指示，包括具體的任務以及結果，呈現形式、任務執行人、任務完成的時間節點，甚至還有執行的細節。例如，公司王總對新入

職的培訓專員說：「本週三傍晚 6：00 前把 12 月管理人員培訓方案交給我，包括培訓計畫表和參加培訓人員名單，你可以參考上年度的培訓，結合 11 月實際培訓情況進行。」

一般來說，下屬會比較喜歡這種風格的上司，任務交代得清晰、明確。你只須按照要求去執行就好了，基本上不必思考該怎麼做。

但是也會出現意外的情況。某公司曾發生過這樣一件事情，上司說活動在 12 日開始，結果開始當日才發現上司說的和員工做的根本就不是一個活動，當時雙方都認為任務很清楚了，活動理所當然就是自己正在著手忙碌的這個活動，結果卻完全岔了。

當然，這樣的情況不會常常見，但有時候上司安排的工作你會不了解，即便是你有所了解，不同的人對同樣一個概念的理解也往往不一樣。

這種情況下，可採取如下的處理方式：

正確理解＋執行到位。

前面的案例中，專業的 HR 對「管理人員」的理解是有下屬的人，主要涉及各個部門的負責人；但公司王老闆乃至整個公司對「管理人員」的定義卻更加豐富，還包括管理職能和支撐職能線上的人，例如人資、財務、IT 等各部門的專員。正確理解的方法就是把你的理解讓上司知曉，甚至可以詢問

上司，你的理解是不是有錯，是不是遺漏。

　　執行容易到位難，執行的時候盡量多問一些問題，這樣能夠發現某個現象的背後隱藏著一些小規則。工作任務上交永遠不是最後一關，只有彙報給上司得到肯定後事情才真正結束，把方案放在上司辦公室是不負責任的，你需要確認。

上司指示清晰不具體如何執行

　　多數上司在安排工作的時候，希望達到的目的都較為清晰，或者我們稱之為意圖。因為上司明白自己的需求是什麼，基本上也能夠表達得八九不離十。多數的上司並不把指示具體化，只是交代整體的任務，例如要求「策劃 2015 年年會」、「招聘技術人員」、「處理客戶投訴」等等。

　　探究原因可能有幾種情況：一是上司沒有必要事無巨細都向員工說明，你認為是他時間緊迫也好，認為是存在感作崇也好；二是上司不願束縛你的思路，想給你一個發揮的空間，如果你做不成他要看看你差距有多大，如果你有新思路對公司和自己都好；三是上司未必了解任務的具體細節，也未必知道該怎麼做，致命問題是「如果這些我都能解決，要你做什麼」；四是培養你的思維方式和工作能力。

這種情況下，可採取以下處理方式：

正確理解＋思路請示＋方案溝通＋執行到位。

上司給出的指示不具體，但這完全不代表上司不關注你的任務執行過程。

多數上司期望了解下屬打算怎麼工作，只有這樣他們才能更準確地預測到結果尤其是潛在風險，那麼也就能夠有機會消除或提前應對。

我們在工作中常常犯的錯，就是不告訴上司你的想法，甚至由於自己的擅自主張耽誤了時間，影響了執行效果。

你可以在上司交代任務的時候，用最快的速度思考一下任務的關鍵點，並理出你的思路，然後向上司請示這樣是否穩妥，多數上司不會在這時候拒絕給予指導。

對於重要的事情，在溝通完思路還需要出方案，因為方案比思路詳細，包含的內容也更完整。值得一提的是，方案至少要出 A 方案和 B 方案，有必要的話還有備選的 C 方案，這樣上司的決策才能更有效。就像購物，你拿著一件衣服很難說買還是不買，但店員往往會拿兩三套衣服讓你對比，把「Yes」或「No」的問題轉換成了選 A 還是選 B 的問題。

上司指示不清晰也不具體如何執行

上司在交代任務時，有時會出現一些意想不到的情境，讓你感覺不知所云，一頭霧水。例如：

你剛剛進門，上司就說：「那個事情處理得不對……」

一個麻煩的老顧客前來和上司糾纏，他對你說：「用我那最好的茶葉沏茶，十五的鐵觀音珍藏版，在 1 號櫃。」可是你明知道 1 號櫃是昨天才從超市買來的普通鐵觀音。

上司開會的時候，講到一個不遵守規定的案例，說是你發現的，他把目光看向你……

這一類比較瑣碎，但也比較常見，往往都有可能發生的背景，最主要的特徵是上司話裡有話，關鍵看你是怎麼聽和怎麼做的。例如上面三個案例，第一個上司很可能正在發火，這時候的關鍵不是辯解而是聆聽，第二個上司的話是說給客戶聽的，第三個上司是希望你支持他的觀點。

這種情況下，可採取以下處理方式：

找到矛盾點＋合理分析＋妥善應對。

這類事情一定有一個矛盾點存在，而且這個矛盾點讓你大感困惑。

找到矛盾點，去分析上司製造這個矛盾點的背後原因是什麼，是否在有意提醒你他很關注但沒法說出口的東西。由於這類事情時效性強，容不得你再請示和彙報，所以一旦分析出真正的原因，你就要妥善地去處理。這種處理是有風險的，那麼還得勇敢地承擔其相應的責任。如果因此而做錯事，一定能夠得到一個很好的結論。例如上面第二個例子，

你要是對著難纏的客戶告訴上司：「十五年的鐵觀音在 2 號櫃，鑰匙你拿著呢！」上司怎麼辦，把鑰匙給你的同時還得說「看我這記性怎麼這麼差」，事後你肯定免不了被數落。所以，你務必得記住了，這個上司非常關注小費用，時刻記得為公司節省呢！

第 4 章　過程精準
── 將目標順利導向結果

　　執行的林林總總、千頭萬緒，從哪裡開始執行？先執行什麼？後執行什麼？如何分配時間和精力？如何與上司做好工作交接，確保執行按上司的意圖預期進行？

　　執行任務之前，應制定一個清晰、嚴密、可行的計畫和流程。這有助於我們了解工作的全貌，從全域性著眼觀察和掌控整個執行過程，不至於陷入顧此失彼的混亂狀態，有條不紊、準確高效地實現目標。

把目標轉化為執行計畫

接受了任務，領會了上司的意圖，是不是就可以開始執行了呢？先別忙，還要準備好一樣東西 —— 執行計畫。也就是說，先要將執行目標轉化為清晰、具體、可行的執行計畫，然後按圖索驥一步一步地去執行。

計畫是一切工作的起點，沒有計畫，就如同大廈沒有堅固的根基。如果沒有計畫性，執行任務時也會手忙腳亂，顧此失彼。雖說計畫趕不上變化，但有了計畫，工作才能有條不紊，制定計畫將進一步提升執行效率。

做計畫是精準執行的前提。只有充分地做好規劃和準備，才能保證執行順利。我們每次在解決問題之前，先要問自己：「我是否做好了準備？」、「我還有哪些地方沒有想到的？」、「我所準備的方案是適合自己的嗎？是最佳的方法嗎？是否真正地切實可行？」弄清楚了這些問題，執行起來就不會因為倉促而手忙腳亂，也不會因為遺忘某個步驟而重複工作。執行之前先準備，既不會耽誤時間，同時還會獲得事半功倍的效果。

原一平是日本著名的保險推銷高手，也是全世界排名前十的保險業務員。他的銷售祕訣之一，就是一個月有 25 天的時間去做準備，徹底了解顧客的背景，只有最後 5 天的時間

與客戶交易。而這 5 天的成交量卻是全日本第一。

有一次，原一平去拜訪一位董事長，他沒有見面就談買保險的事，而是在董事長家附近徘徊。當他看到傭人幫董事長把衣服送到洗衣店以後，隨後他馬上跑進去問洗衣店的老闆：「請問一下，剛剛這套西裝、襯衫、領帶是不是那個陳董事長的？我能不能看一看品牌，我對這套服裝很有興趣，我想知道在哪裡買的，我也去買一套。」老闆把衣服拿給他看，他看完以後跑去買到了一樣的西裝、襯衫和領帶。

原一平利用的一個心理學效應，就是人都喜歡像自己的人。所以他要盡量將自己的裝扮與客戶相似，盡量讓對方覺得很親切，沒有距離感。

他穿上那一套早已準備好的服裝再去拜訪那位董事長，董事長見到面前和自己的裝束一模一樣的人感到十分驚訝。原一平這才表明自己的身分：「我是明治保險公司的業務員，今天專程來跟您講解有關理財的方案，只須占用你 15 分鐘時間。」董事長看到這樣一個很像自己的人，對他很有好感，立即熱情地接待了他，最後順利地為自己買了一份保險。

很多人因為事先沒做足準備工作而匆忙上陣，走了很多彎路，經過多次嘗試和修補，才將事情沿著正確的軌道有序地進行。也有很多人做事很勤奮，頭腦也十分聰明，但效率很低，其中的原因也是缺少事前的謀劃。做事勤奮是一個人

的態度，而要想把事情做得妥善，還需要事先謀劃的方法。只有把二者結合起來，才能減少失誤，提高做事的效率。

凡事豫則立，不豫則廢，前期的準備是十分重要的。要有針對性地對問題分析，如果缺乏周密的計畫和安排，很容易導致失敗。只有先對問題有個清楚地了解，才能逐漸探討出解決之道。

事前多規劃，執行不折騰

我們無論做什麼事，都要有一個「先做什麼，接著做什麼，最後做什麼」的先後順序，這就是我們生活中的計畫，只是我們沒有用「計畫」這個詞彙來表達而已。除了「先做什麼，接著做什麼，最後做什麼」的先後順序外，還經常說某人能辦事，某人善於做事，能辦事、善於做事是說他們做事情有計畫、有方法，比別人做得更有效果，到底有哪些不同呢？可能是先後順序不同，也可能是做事的內容不同。因此，計畫就是做事方法，它不僅包括先後順序，還包括做事的內容。

要想執行到位，就必須重視計畫的作用。如果沒有制定出可行的計畫，執行工作時就會出現紊亂，就會無法到位。

很多工作執行不到位，就是因為不按照計畫辦事造成的。

有的員工不以為然，認為按照計畫的規定的框架辦事，是自找麻煩，把一件簡單的事情做複雜了。那麼，你有沒有想過，這些條例規定是如何來的呢？難道制定計畫就是純粹為自己製造麻煩嗎？舉一個交通上的例子，交通法規有兩個非常明確的規定：嚴禁超載和疲勞駕駛。這兩條規定從何而來？事實上，這是從歷年的重大交通事故調查資料中彙整出來的。

即使是已經執行了多年，現在開啟電視和報紙，仍然經常看到由此原因導致的交通事故，且不說產生的經濟損失，就是人員傷亡，讓親友如何承受？交通法規是因為它事關人命，所以需要人人嚴格遵守；而工作計畫事關工作開展，這是組織的靈魂，執行的依據，所以需要人人遵守。如果規劃的計畫在某些地方確實不合理，它也不是一成不變的，而是可以按照適當的方法改進的。但是在改進的版本未釋出之前，就要按照原有的要求執行，而不能以其需要改進為由不操作，否則不就是有法不依了嗎？這叫尊重計畫。

還有人說，計畫是把人僵化了，但是實際上不是計畫僵化了人，而是人在理解計畫時把自己僵化了。理解了計畫產生的背景，還要理解計畫要求的每一步為什麼要這樣做，而不是那樣做，這就要充分了解計畫的目的。

原因就在於我們大部分人，執行觀念不強，不尊重計畫。即使人人理解了計畫的內涵，也不能保障每個人都這樣做。

事實上，設定計畫的最終目的是為了掌控進度，確保工作向著預期的方向發展，避免工作中不必要的周折，從而節省時間和精力，提高執行水準和工作效率。

因此，任何人都不能輕視計畫，不按照計畫辦事。只有遵守計畫，才能把工作更好地執行到位。

制定一份精準的執行計畫

有些員工執行任務很積極，工作時也十分努力，然而執行的結果卻收效甚微，業績平平。原因在於，他們忽略了計畫的重要性，執行任務之前沒有制定一份系統完備的計畫，在執行過程中不知道自己的最終目標在哪裡，迷失了每天的工作方向。

沒有計畫，執行就會盲目無序。計畫是執行的方向盤，合理、清晰、科學的計畫是精準執行的前提。

合理的計畫要求你充分掌握自己要面臨的工作中的情況，並正確了解工作，充分預測可能的問題和風險。

如果沒有計畫，面對老闆交辦的一大堆任務，你就會感到不知從哪裡下手。所以，在執行任務前需要制定好工作計畫，記下事情，排好順序，釐清重點，定下期限。每天都有目標，也都有結果。知道自己每天要去做什麼，才能談得上關注目標，才能發現各種複雜的因素是如何影響我們每個時刻的工作的。

從現在起，拿支筆來，將下面對你最有用的建議畫條線，並且把這些建議寫到另一張紙上，再將它放在你觸目可及的地方，如此可有助於你完成改革行動。

(1) 列出你立即可做的事。從最簡單、用很少的時間就可完成的事開始。

(2) 運用「切香腸」的技巧。所謂「切香腸」的技巧，就是不要一次吃完整條香腸，最好是把它切成小片，小口小口地慢慢品嘗。同樣的道理也可以適用在你的工作上：先把工作分成幾個小部分，分別詳列在紙上，然後把每一部分再細分為幾個步驟，使得每一個步驟都可在一個工作日之內完成。每次開始一個新的步驟時，不到完成絕不離開工作區域。如果一定要中斷的話，最好是在工作告一個段落時，使得工作容易銜接。不論你是完成一個步驟，或暫時中斷工作，記住要對已完成的工作給自己一些獎勵。

(3) 在行事曆上記下所有的工作日期。把開始日期、預定完成日期以及其間各階段的完成期限記下來。不要忘了「切香腸」的原則：分成小步驟來完成。一方面能減輕壓力，另一方面還能保留推動你前進的適當壓力。

(4) 保持清醒。你以為閒著沒事會很輕鬆嗎？其實，這是相當累人的一種折磨。不論他們每天多麼努力地決定重新開始，也不管他們用多少方法來逃避責任，該做的事還是得做，壓力不會無故消失。事實上，隨著完成期限的迫近，壓力反而與日俱增。所以，你千萬不要拖拖拉拉，把今天的事留給明天去做，那樣只會讓你有更大的壓力。

理順流程，執行有章可循

　　企業的生存與執行到不到位有著直接的關係，而在執行的過程中，我們也要根據工作的流程、工作的輕重緩急和正確的步驟來執行。

　　首先，要遵循工作流程。一旦接到任務，腦子裡應該時時刻刻存有工作，要遵循「目標 ── 計畫 ── 執行到位 ── 評估」的流程來執行。

其次，要分清工作的輕重緩急。執行工作時，一定要考慮優先順序，先做最重要的事，然後才做比較急迫的工作，萬萬不可先做自己認為好做或自己喜愛做的事。如此，可能會將重要的事耽擱，使真正應該執行的事情沒有執行到位的情況發生。

最後，要按照正確的步驟做事。在執行某一工作時，最好依以下步驟來進行，以獲得事半功倍之效。

(1) 接受工作指示或命令。一般員工做某一工作時，會接到上司的工作指示。這時候，不能只聽上司所交代的，還要明確地掌握住工作目的才行，所以員工要深思的事情：工作目標是什麼？為什麼必須達到這個目標？何時達到？如何做會更好？

(2) 收集有關的數據、情報。即收集與工作的計畫、執行等相關的檔案、資料、情報，而且對於情報的選擇，要有判斷。

(3) 考量工作的步驟與方法。越是需要花長時間工作的事情，越需要依照工作的步驟與流程來做，這樣才比較有效率。

(4) 決定工作的步驟與方法。不妨從所擬定的幾個方案中挑選較合理的，決定時應該考慮到「更早、更好、更輕鬆、更便宜」這幾項因素，再做篩選。

(5) 制定行事表。

(6) 實施時須留意。確實依照所計畫的步驟和方法去做，很
　　有自信地去執行，時時考核實際進度和預定計畫的差
　　距，必要時修改所定計畫。

(7) 檢討與評估。從品質、期限、成本等層面，將工作的結
　　果和當初的計畫做一下比較，如果不能達到預期結果，
　　就應該找出其原因。

(8) 做完後，向上司報告結果。

　　像這樣按步驟來完成工作，那麼精準執行、執行到位就
不是一件困難的事了。

先執行什麼，後執行什麼

　　老闆交辦的任務一項接一項，我們每天都有許許多多的
事情等著去做。如果我們不分主次地工作，那麼到頭來不僅
「丟了西瓜」，很有可能連「芝麻」也沒有撿到，使一些本來可
以「生出效益的時間」白白地浪費掉。

　　但很多時候，我們總是被習慣束縛著自己的手腳，在執
行任務時總是根據任務的緊迫感，而不是以任務的優先程度
來安排先後順序，這樣的做法是被動而非主動的。

有效執行的一大祕訣就是設定優先順序，分清主次，按重要程度執行。

對於如何分清主次、大幅度提高工作的執行效率，可以借鑑以下兩個判斷標準：

1. 明白我們必須做什麼

要弄清楚這項工作是否現在必須做、非做不可，如果是，就立刻去做，馬上執行，一分鐘也不拖延。

2. 明白如何去做才能給我最高的回報

應該用 80％的精力做能帶來最高回報的事情，而用 20％的精力做其他事情。

所謂「最高回報」的事情，即符合「目標要求」或自己會比別人做得更有效率的事情。最高回報的地方，也就是最有生產力的地方。這要求我們必須辯證地看待勤奮。勤奮，在不同的時代有其不同的內容和要求。過去人們將「三更燈火五更雞」的孜孜不倦視為勤奮的標準，但在快節奏高效率的資訊時代，勤奮需要新的定義了。勤要勤在點子上（最有生產力的地方），這就是當今時代「勤奮」的特點。

前些年，日本大多數企業家還把下班後加班的人視為最

好的員工，如今這觀點卻有所變化了。他們認為一個員工靠加班來完成工作，說明他很可能不具備在規定時間內完成任務的能力，工作效率低下。職場只承認有效勞動。

透過以上兩層過濾，事情的輕重緩急就很清楚了，然後，以重要性優先排序。堅持按這個原則去做，你將會發現，再沒有其他辦法比按重要性辦事更能有效利用時間了。

當然，除了要強調優先重要，還要強調長遠重要。強調長遠重要，即強調做「不急迫卻重要而長久的事」。

工作中，我們會遇到很多這樣或那樣的事情，雖然有些都不是眼前最急迫的事情，但是對於長遠、大局來說卻有著重大的意義。有些人捨不得在這類事上花費時間，與長遠計算的總帳相比很不划算。

就執行效率而言，要兼顧長遠性與急迫性，要高度重視對眼前雖不緊急但有深遠影響事務的處理。

分清輕重緩急，執行舉重若輕

按照工作的輕重緩急來執行，需要走出一個思維的偏誤，這就是秩序的偏誤，我們在編工作的先後次序之時，所

考慮的往往只是工作的「緩急」，而不是工作的「輕重」。我們可以把每天待處理的工作分為三個層次，一是今天必須做的工作；二是今天應該做的工作；三是今天可以做的工作。

許多人以工作的緊急性來確定做事情的優先順序，他們優先解決對現在的目標來說最緊急的事情。然而，通常事情除了緊急性，還有重要性。而我們往往都會專注於事情的緊急性，而忽略了一些重要的事情。

一個正為了一年後的公務員考試努力唸書的人，為了趕贈品截止時限，而特地將贈品明信片拿到郵局寄。公務員考試還在一年後，而明信片的截止日就在明天。在此情況之下，多數的人都會優先處理較緊急的明信片。

但是，從長遠的眼光來看，好好地準備明年的公務員考試應該是較重要的。假定考試失敗，不僅會損失一年的時間，而且會損失不少金錢。因為通過公務員考試後，一年可以賺更多的錢，這和去郵局寄明信片所得到的幾百元贈品相比，不用細說也應該知道哪個更重要吧！

可是，很多人還是會先去寄明信片。將緊急而不重要的事列為優先，重要的事卻往後拖，其結果，到了明年就可能因準備不充分而無法通過公務員考試。

可見，我們應先好好地掌握住比較重要的事，若還有時間，再去做那些較不重要的事。

抓住工作的重點，只要勤於研究，你就會發現，優秀員工都已經培養出了一種習慣，那就是找出那些最能影響他們工作的重要因素。由於他們已經掌握了祕訣，知道如何從不重要的事實中抽出重要的部分來。因此，他們做事情時往往事半功倍。

在工作中要實現你的主要目標，出色地完成老闆交代的任務，就要學會分清輕重，把力氣使在關鍵處。

支配時間，掌握執行主動權

執行任務的過程眾多，同時也會出現各式各樣的問題，如果我們沒有時間觀念，工作戰線拉得太長，執行的時間過長，那麼執行就毫無效率可言，精準執行也就成了空談。

低效率的工作會占滿所有的時間。一位閒來無事的老太太為了寄一張明信片給遠方的外甥女，可以足足花上一整天的工夫。找明信片一個鐘頭，查地址半個鐘頭，寫信一個鐘頭零一刻鐘，然後去郵局究竟要不要帶把雨傘出門，這一考慮又花了二十分鐘。一個效率高的人在三分鐘內可以辦完的事，另一個人卻要操勞整整一天，效率低下不說，最後還免不了被折磨得疲憊不堪。

執行必須講效率，要提升效率就要珍惜時間、善於支配時間，使每一分鐘都發揮出最大的效用。珍惜時間、做好時間管理，是精準執行的一個重要方法。

那麼，如何利用時間高效率地執行任務呢？

1. 制定時間控制表

如果你能制定一個高明的工作進度表，那你一定能真正掌握時間，在限期之內出色地完成老闆交付的工作，並在盡到職責的同時，兼顧效率和品質。一位成功的職場人士說：「在一天中最有效的時間之內制定一個計畫，僅僅二十分鐘就能節省一個小時的工作時間，牢記一些必須做的事情。」

2. 為自己定個期限完成任務

某公司的業務員小範為每天的工作制定計畫，並嚴格按照計畫去完成，即在規定的期限內必須做完某件事才能下班。經理十分看好這名認真做事的業務員，小範也沒有辜負經理對他的信任，出色地完成了每一項工作。

其實，小範在剛進公司時並沒有什麼工作經驗，而且在同時進入公司的同事中也不算是能力最強的。經過一段時間的努力，小範的業績上來了，他規定自己每天必須拜訪 5 個客戶，從開始到現在，從來沒有哪一天拜訪的客戶少於 5

個。小範認為，每天的工作就是一個累積的過程，只有替自己設定期限，才不會滋生偷懶的行為，也不會用各種藉口為自己開脫，因為那樣不但會耽誤工作，自己的業績更不可能提高這麼快。

很多人在工作中取得成績並非因他的天資多麼聰穎，運氣有多麼好，只是在於他的自制力更強。能管住自己的人，對自己約束力較強的人，會在一定的期限內完成任務甚至超額完成，而愛找藉口的人即使有期限約束，也會在藉口的掩飾下「違規」。

3. 擠出點滴時間

時間對於每個人來說都是公平無私的，只要你願意，努力去挖掘時間的潛力，擴大時間的容量，就能擠出更多的時間去做更多的事。對於職場人士來說，就能夠多、快、好、省地完成任務。

我們每天只要擠出微不足道的一分鐘，一年就可以擠出大約六小時的時間。如果每天能擠出十分鐘，那就是相當可觀的一個數字了。由此可見，時間的彈性是很大的，只要我們善於擠時間，便能大大增加時間的容量。用於可支配的時間越充裕，我們執行任務就越不會感到緊張、慌亂，就越能有將工作做細緻、做徹底，就能做出更多的成績。

4. 善於利用零碎的時間

成功的時間管理者總能把任何一個空閒的時刻都利用起來。利用零碎時間，隨時隨地都可以做到。比如，在衣袋裡或手提包裡，經常不忘攜帶一些東西，如圖書、筆和小記事本，這樣你就可以在搭乘公車上下班時，不會無所事事地空耗時間了。「集腋成裘」、「聚沙成塔」一樣適用於時間。

掌握時間管理的技巧，駕馭好時間，就能防止每天陷於雜亂的事務中，保證按正常速度執行任務，有條不紊地展開工作，實現精準執行的目標。

執行任務時要多向老闆彙報

在執行過程中，主動、及時地向老闆彙報工作中的情況是非常有必要的。

如果下屬不及時彙報，老闆就不能對下屬的工作做出正確的判斷，也不能做出正確的指示。相反，如果能夠得到及時彙報，老闆就可以隨時了解工作的進度，從而抓住工作的重點和問題所在，及時做出相應的調整。因此，對員工來講，主動彙報工作不僅是一項應盡的義務，更是加快工作進

度、促進企業發展的潤滑劑。

在一個企業裡，除了老闆之外，所有人都是下屬。不管你是高級管理者還是普通職員，作為下屬，要養成主動彙報工作進度的習慣，讓老闆了解你為企業所付出的一切。彙報工作是下屬的義務，也是下屬的日常工作。許多員工正是在彙報工作中脫穎而出，從而獲得老闆的賞識與重用的。

在現代職場中，就有一些人低估了請示與彙報的重要性，在該彙報的時候不彙報，在不該說話的時候隨便說話，不該做主的時候隨意做主，從而給老闆留下了極壞的印象，也讓自己付出了不守「規矩」的代價。

某內衣生產公司的方先生，想做一個內衣廣告，便打電話給一家廣告公司的李經理，那天李經理恰好不在，是辦公室新職員佳汝小姐接的。「麻煩你轉告李經理，我這裡需要設計一個內衣廣告。」佳汝小姐想也沒多想，就爽快地說：「這個啊，沒問題！你派人過來和我們洽談一些具體事宜就可以了。」

方先生剛要動身來廣告公司時，就接到廣告公司李經理的電話：「對不起！方先生，您來電話的時候我不在，您是要做內衣廣告嗎？我們將派人到您那裡去，將您的具體要求帶回來，不用勞煩您過來了。」停了一下，李經理又說，「對不起啊，我想知道是哪位小姐說叫您派人來我公司的。」方先生愣了一下，問道：「有問題嗎？」李經理說：「當然沒有問題，

我只是想知道，到底是誰自作主張。」儘管方先生沒有告訴李經理那位接電話的小姐是誰，據說李經理還是查出來了，並處分了佳汝小姐。

這個故事表面看來，是一個對自己的工作許可權理解不清楚、自作主張的問題，但實質上它是一個典型的關於彙報問題的案例。從效果上來說，佳汝小姐的安排與廣告公司李經理的安排並沒有多大的不同，她的問題頂多也就是處理方式不符合企業的習慣而已。企業期望佳汝向自己的上司彙報情況後，再由上司決定具體的處理方式，由於佳汝沒有養成彙報的習慣，她為此而付出了代價。

千萬牢記，執行任務中遇到自己難以確定的事情時不要自作主張，更不要等出了紕漏才想到去找老闆。當你在處理一件很棘手的任務時，首先必須先向你的老闆彙報，讓他知道你目前的工作處境，並給你以及時的指導和幫助，從而避免和杜絕錯誤。

及時彙報，徵求老闆意見

彙報具有時效性，及時的彙報才能讓老闆了解你工作的進展情況，才能發揮出彙報最大的效力。

在執行任務過程中，不管工作成效如何，都要做到及時向老闆請示和彙報，凡事多多徵求老闆的意見。尤其是發生變動和異常情況時更應及時彙報，以得到老闆的明確指示，獲取問題的解決方案，確保執行向著正確的方向發展。

作為公司員工，要盡量在老闆提出問題之前主動彙報，即使是要花費很長時間才能完成的工作，也應該在中途提出報告，讓老闆了解工作是不是依照計畫進行了，如果不是，需要做哪些方面的調整。這樣一來，即使工作無法依原計畫實現目標，你讓老闆知道了事情經過，也不至於過於受到責難。並且凡事都要注重彙報的速度，彙報的速度越快越好。不管是好消息還是壞消息，都要及時彙報。如果錯過了時機，所有的彙報就會失去價值。彙報一遲，老闆的判斷也跟著遲了，這樣一來，你工作中的失誤就會難以彌補，執行的任務就會半途而廢，不僅影響到你自身的業績，也影響到公司的整體發展計畫。

不少員工都是報喜不報憂，對於壞消息遲遲不敢彙報，特別是失敗的原因是由自己引起的，那就更不敢講出來了。其實遇到這種情況時，絕對不可以隱瞞，如果一拖再拖也許真的會導致無法彌補的嚴重後果。

請示、彙報工作對接受任務的人來說，是一種應盡的義務。無論從哪一個方面說，不及時彙報的人都不是老闆所喜

歡和器重的人，這樣的員工也是難以取得成功的。

在你執行一件任務時，應提前請示老闆一下，在執行任務過程中也要不斷地彙報工作的進展情況，讓老闆對你的工作流程及執行狀況有個清晰地了解。

當你的工作已經取得了初步的成績，即將進入一個新的工作階段時，十分有必要向老闆彙報自己前一階段的工作和下一步的打算。這時，你可以多多徵求老闆的意見，以便他了解你的工作成績和將來的發展，並給予必要的指導和幫助。

作為下屬，應當及時向老闆請示和彙報，徵求老闆的意見和看法，把老闆的意見融入到工作中去。這樣既可以避免在工作中犯錯，又可以博得老闆的賞識。而且工作中遇到關鍵的問題，多向老闆彙報和請示是下屬主動爭取表現的好辦法，也是下屬精準執行老闆意旨、做好每一份工作的重要保證。

主動彙報，減少執行失誤

有的員工存在一種錯誤的觀念，認為自己有工作失誤時不必及時向老闆彙報，只要自己事後彌補了失誤就沒什麼大不了的。

　　話雖這麼說，但是你如果能在出現工作失誤時不僅僅只是在想辦法彌補，而是能夠做到第一時間就讓老闆知道你的失誤，或許你處理失誤的過程中就會輕鬆得多，因為你也會在第一時間得到老闆的幫助，而不僅僅是怪罪和指責。所以，即便是你在執行任務過程中出現了失誤，你也要及時向老闆彙報。

　　及時彙報自己在執行任務中的失誤，能夠充分地展現出你對待工作的責任感。要知道世界上沒有不必承擔責任的工作，工作就意味著責任。

　　錢弘毅大學畢業後應徵到一家大公司工作，剛開始他被分配到總部的行政部門工作，每天處理一些零星瑣碎的公司事務。就是在這樣一個看上去並不怎麼起眼的部門，卻雲集了許多碩士甚至博士等高學位的頂尖人才，這讓錢弘毅感到壓力很大。

　　漸漸地，錢弘毅發現部裡的許多員工都很傲慢，架子也似乎一個比一個大，他們都仰仗著自己學歷高、資歷深而忽視了身邊一些實質性的工作。大多數人整天不是尋思著怎樣享樂就是熱衷「副業」，並不把自己的工作當回事，甚至在出現工作失誤時也從來都不彙報。當錢弘毅問及此事，很多人都回答說：「這種失誤算得了什麼啊？明天上班再解決也不遲，告訴老闆那簡直是愚蠢至極。」

而錢弘毅卻覺得工作中有失誤並不是什麼大不了的事情，即使失誤再小，失誤終歸是失誤，自己必須要承擔起來並及時向老闆彙報。

一天，錢弘毅要影印一份檔案，當他按下機器的影印鍵時，紙卡在機器裡出不來了。這種情況在其他同事使用時，也經常出現，但錢弘毅並沒有像其他同事那樣將紙硬拽出來，而是跑到老闆的辦公室報告了自己的「失誤」，並說明卡紙的問題經常出現。他說自己諮詢過有關人士，認為是這臺影印機有問題才會經常出現卡紙的現象，所以請示老闆是否可以請影印機廠商的客服人員過來徹底檢查一下，如果有問題修好了，大家就不必在影印檔案上浪費太多時間了，而可以把時間利用到工作中去。

老闆一聽是影印機的事，本來還覺得錢弘毅小題大作呢，結果聽他這麼一說，覺得有理，就聽從了錢弘毅的意見。當影印機廠商客服認真地檢查後，果然發現影印機出了問題才導致經常卡紙的現象出現。老闆見此，不禁開始特別對錢弘毅關注。

錢弘毅正是憑藉這種勁頭，一頭栽進工作中，從早到晚埋頭苦幹，因為自己的彙報還經常被老闆要求加班。但沒過多久，錢弘毅卻成了部裡的「棟梁」，並逐漸受到老闆的重用。如今，錢弘毅已經是該公司某一大區的主要負責人之一。

世界上最愚蠢的事情是推卸眼前的小責任，認為工作中的一點小失誤根本無足掛齒，等到自己彌補了失誤，完成了工作再向老闆彙報也不遲。長此以往，小失誤不彙報就會變成大失誤，待到小責任不承擔逐漸演變成大責任無法承擔的時候，我們就追悔莫及了。

人不可能不犯錯誤，在你執行任務中出現一些失誤是不可避免的。無論你犯的失誤是大還是小，重要的是你要能做到及時地向老闆彙報並做出檢討，然後盡自己最大的努力想辦法去解決它。

如果你習慣了無論出現大小失誤都能及時向老闆彙報，你就能習慣從自己或者是別人的失誤中吸取經驗、教訓，並在今後的工作中及時避免發生同類的錯誤。

主動地向老闆彙報自己的工作情況，不管是好的方面還是壞的方面，讓老闆知道你都做了些什麼，這是精準執行、高效執行的保證，也是對老闆的一種尊重，更是讓你成為一名優秀員工所應具備的素養。

早彙報，多彙報，勤彙報

在職場中，員工或下屬向老闆彙報工作，是常見的工作流程之一，是確保任務得到精準執行的重要保障。

原則上說，只要是老闆直接交辦或委託他人交辦的工作，無論大事小事，無論工作的結果是否圓滿，均應向老闆如實做出相應地彙報。

一個善於執行的員工必然是一個善於彙報工作的人，因為在彙報工作的過程中，他能得到老闆對自己最及時的指導，從而更快地成長；同時，在這一過程中，他還能夠與老闆建立起牢固的信任關係。

很多時候，做老闆的總是為不知道員工在做些什麼而煩惱。所以，你一定要主動向老闆彙報你的工作成果。

經常性地向老闆彙報工作，既可展現你的勤勞和能力，還能及時求得老闆的指教，進而不斷修正自己努力的方向，減少失誤。

有一個叫小宙的小夥子，是一家酒店的業務員，頗得上司的賞識。他能得到上司的青睞，一方面是因為業績突出，還有另一方面的原因就是小宙每做完一筆單子，都會以書面的形式彙整出這項業務成功與失敗的原因，並及時向上司彙

報。上司對此非常滿意，儘管有些單子完成得不是很出色，但從來沒有責備過他；相反，還會向他提出一些建議。

向上司彙報自己的工作彙整，既能顯示出你對上司的尊重，也容易讓上司看出你的進步，哪怕只是很小的進步。

有些員工喜歡獨立完成工作，在執行的過程中幾乎不跟老闆溝通，結果常與老闆的意圖發生偏差，甚至造成嚴重失誤，最後要麼被公司解雇，要麼戴罪立功，賠償損失。所以，在日常工作中，要養成經常與老闆溝通、交流的習慣，及時向老闆彙報工作，做到早彙報、多彙報、勤彙報，有問題要馬上同老闆商量對策，並將工作報告寫得詳實、清楚，切忌敷衍了事。

向老闆彙報工作時的注意事項

向老闆彙報工作並不是一件隨便說說的事，彙報什麼、如何彙報，是需要一定的技巧和方法的，否則就會適得其反。

通常來說，向老闆彙報工作時需要把握以下幾點事項：

1. 及時彙報不好的消息

　　對不好的消息，要在事前主動報告。越早彙報越有價值，這樣老闆可以及早採取應對策略以減少損失。如果延誤了時機，就可能鑄成無法挽回的大錯。報喜不報憂，這是多數人的通病，特別是失敗是由自己造成的情況下。實際上，碰到這種情況，就更加不能隱瞞，隱瞞只會產生更加嚴重的後果。

2. 要在事前主動報告

　　有的員工做事總是很被動，一般是在老闆問起相關事情的時候才會提出報告。殊不知，當上級主動問到這件事時，很可能是因為事情出了問題，否則上級是不會注意到的。下屬應遵循這樣一個原則：盡量在上級提出疑問之前主動彙報，即使是要很長時間才能完成的工作，也應該有情況就報告。以便老闆了解工作是否按計畫進行；如果不是，還要做出什麼調整。這樣，在工作不能按原計畫達到目標的情況下，應盡早使老闆知道事情的詳細經過，就不至於被責問了。

3. 全權委託的事也要報告

　　在老闆已經把事情全權委託給你辦的情況下，不僅要和老闆仔細討論各種問題、請示相關情況，還要及時彙報各種

相關事宜。一般情況下，老闆把稍微有些難度的工作交給下屬去辦，是訓練年輕員工最有效的辦法。老闆在做出各種交代後，一般會在一旁詳細觀察，在這種情況下，員工最好把事情的前因後果詳細地向老闆彙報。

4. 彙報工作時要先說結果，再說經過

書面報告也要遵循這一原則。

這樣，彙報時就可以簡明扼要，節省時間。

5. 彙報工作要嚴謹

在工作報告中，不僅要談自己的想法和推測，還必須說正確無誤的事實。如果報告時態度不嚴謹，在談到相關事實時總是以一些模糊的話語，如「可能是」、「應該會」等來描述或推測的話，就會誤導老闆，不利於老闆做出正確的決策。所以在表明自己意見的時候，最好明確地說「這是我的個人觀點」，以便給老闆留下思考空間，這樣對自己、對老闆都會大有裨益。

6. 忌攬功推過

下屬向上級彙報工作，無論是報喜還是報憂，其中最大的忌諱是攬功推過。所謂攬功，即把工作中不屬於自己的成

績往自己的功勞簿上記。不少人想不開其中的道理，他們在向老闆彙報工作時，往往有意誇大自己的作用和貢獻，以為用這種做法就可以討得老闆的歡心與信任。實際上多數老闆都是相當聰明的人，他們並不會因為你喜歡攬功，就把功勞記到你的帳上去的。即便一時沒有識破你的真相，他們也多半會憑直覺感到你靠不住。因為人們對言過其實的人，多是比較敏感的。

所謂推過，就是把工作中因自己的主觀原因造成的過錯和應負的責任，故意向別人身上推，以開脫自己。它給人的印象是文過飾非、不誠實。趨吉避凶是人的天性。攬功推過卻是人的劣根性。不攬功、不推過，是喜說喜、是憂報憂，是一種高尚的人品和良好的職業道德的展現。採取這種態度和做法的人，可能會在眼前利益上遭受某些損失，但是從長遠看，必定能夠站穩腳跟，並獲得發展的機會。

7. 恭請老闆評點

當你向老闆彙報完工作之後，不可以馬上一走了事。聰明的做法是主動恭請老闆對自己的工作彙整予以評點。這也是對老闆的一種尊重和對他比你站得高、看得遠、見識多的能力的肯定。

千萬不要忽視請示與彙報的作用，因為它是你和老闆溝

通、釐清工作方向的主要管道。你應該把每一次的請示、彙報都做得完美無缺，這樣你在執行中就會減少失誤，將工作做得更加到位，合乎要求。

第 5 章　結果精準
── 用績效證明工作價值

　　執行的一個重要內涵就是結果決定一切。即使你在執行中付出了很多努力，但是最終沒有完成任務，還是等於沒有執行。以結果評判執行力，是對個人執行力的最佳評價方法。

　　一切的行為只為成功的結果，所有的執行都為最後的結果。執行的意義不僅表現在執行的過程上，更多的是重在結果。精準執行，就要用結果說話，用業績證明你的工作價值。

執行講效率，結果論成敗

當我們對中國古代的《孫子兵法》津津樂道的時候，往往忽略了一個基本的事實，那就是《孫子兵法》的作者並沒能統一天下。在我們對三國故事中的諸葛亮佩服得五體投地的時候，也忽略了這樣一個事實：最後一統天下的並不是諸葛亮以及他所扶助的蜀國。執行任務和行軍作戰都是一樣的道理，紙上談兵解決不了任何問題。

不論你執行什麼任務，也不論你在執行中付出了多少努力，如果你的執行沒有結果，任務沒有得到切實的完成，那麼你的執行就是無效的，努力也是白費的。

執行講效率，結果論成敗，以結果為導向是精準執行的重要原則。強調結果，就是強調一個人的努力、能力必須展現在其業績上，衡量一個人的能力和業績主要是看執行結果，以執行結果論成敗是其根本展現。

那麼，該如何理解「執行講效率」呢？

現代人都已經意識到了「時間就是金錢」。高效率的工作就是對時間最好的尊重。在面對既定的工作和任務的時候，任何人都必須堅定不移地執行。而不應當在執行中尋找藉口，或推諉塞責，影響執行的效率和執行的進展。作為企

業的員工，要釐清企業既定的工作和任務是管理層集體智慧的結晶。我們對待每一項工作、每一個具體的任務，第一反應都應該是我們將如何一步一步地去完成它，而不應該在接到工作和任務的時候，先是考慮這樣的工作和任務有沒有意義，或者認為這不是自己分內的工作。要明白，在企業內部，每一個人都是企業的組成部分，工作並無分內、分外之說。

再讓我們解讀什麼是「結果論成敗」。

執行只是過程，關鍵還是要看結果。在執行的過程中，儘管速度很快，也邁出了實質性的步伐，甚至整個執行的過程可以說看起來完美無缺。但是，真正追求的不是執行的過程，而是執行之後的結果如何。執行之後的結果是不是達到了預期的目標是判定執行力強弱的重要依據。簡而言之，就是對於工作和任務，不但要去做，而且要做好。

之所以特別強調「結果論成敗」，是因為執行不是紙上談兵，更不是過過場而已，也不是說你的計畫書寫得有多好，有多麼完美，就能夠立竿見影，獲得成效。如果沒有達到好的結果，實現預定的目標，執行的過程看起來再完美，也沒有任何意義。

執行力決定工作成敗，決定企業興衰。企業的成功離不開好的執行力。為了企業的長久發展，每個員工都要提升執

行能力，不折不扣、一絲不苟地執行，按時間、保證品質、確保數量地完成工作任務。只有這樣，企業才能發展得更好，個人才能得到更多的機會，實現更多的夢想。

精準執行要以結果為導向

在處處講求實際，講求成果的當代，人們已經越來越依賴於透過結果來評定一個人的行為價值。因為只有結果才是可觸的，無論你在執行任務的過程中如何努力，如果沒有結果，那麼很難證明這段過程的存在。以結果為導向是一種重視結果的思維方式，它善於發現和分析問題，且有很強的品質控制意識、強烈的責任心和敬業精神。

1. 有結果，才有生存

現代社會，無論是企業或是個人，在其成長奮鬥的歷程中都是靠結果生存的，我們依靠對所得結果的評定，確定這是個成功的企業或者卓越的人才。所以，沒有結果就不能生存，這成了一條毫無疑問的硬道理。

生存靠的是結果，不是理由。以那些知名企業為例，使它們一直立於不敗之地的，並不是它們的名牌效應導致了成

功的結果。人們不會僅僅因為它們是名牌產品而去購買，更多的是因為它們的產品滿足了人們的使用欲望。所以，是結果創造出了理由，理由進一步促進結果，是這樣的良性循環才使企業越來越強大。

據說某公司的辦事處主任，為了和一個大客戶的上司搭上關係，平時非常留心觀察對方。當時這位上司正在學開車，但沒有練習車可開，這位主任知道情況後，四處託關係，在當地借了一輛嶄新的轎車，趁週末的時間把車開到這位上司那裡，陪同一起練車。當時的場地泥濘不堪，加上這位客戶還不怎麼會開，車子剛進到練習場就陷進了一個泥坑中，怎麼也出不來了。這個主任二話不說，脫了鞋襪跳到泥坑裡就去推車，陪同的同事也紛紛脫了鞋襪推車。當時是嚴寒時節，這幾名員工赤腳踏在冰水裡，可是他們卻感到很欣慰，為了成功拿下這個專案，付出這麼多也是值得的。

個人的生存和發展也是相同的一個道理。無論做什麼事，必須以結果為導向，用一個結果來評定它的意義，毫無結果相當於這件事情沒有發生。

2. 以結果為導向

在執行中，我們要真正做到「以結果為導向」，需要從以下幾個方面對自己嚴加要求：

(1) 以實現目標為原則，不為困難所阻撓。

(2) 以完成結果為標準，沒有理由和藉口。

(3) 在目標面前沒有體諒和同情可言，所有的結果只有一個：
是或者不！

(4) 在具體的目標和結果面前，沒有感情、情緒可言，只有
成功或者失敗！

(5) 在工作和目標面前，沒有「人性」可言，因為客觀世界是
沒有「人性」可言的，再大的困難也要「拚」！

(6) 你的事情沒有做成，那就走人吧！同情有什麼用？你需
要同情做什麼？一個老闆找不到訂單怎麼辦？

(7) 在客觀的困難和異常那邊，你可以有一千個理由、一萬
個原因、十萬個無能為力、百萬個盡心盡力，可是在結
果面前來講，卻只有一個簡單的結果：做還是不做？

(8) 在結果導向面前，我們常常不得不「死馬當活馬醫」，我
們不會輕易放棄，因為放棄就意味著投降。

(9) 事情沒有搞定便表示你的產品沒有賣出去，你也就沒有
營業額，難道你可以下班了嗎？產品沒有賣出去便沒有
錢，那你下班回家靠什麼吃飯？

一手奉獻忠誠，一手奉獻業績

利潤是企業得以生存和維繫的基本前提，不能為企業創造利潤的員工對企業而言是沒有任何價值的。因此，績效就成為評價員工的重要標準。一切用結果來說話，不能實現高績效的員工只能被淘汰。

不要責怪老闆不講情義，企業經營的目的就是為了獲取利潤，這是企業得以發展的根本。所以，老闆看重忠誠，更看重業績，這是在情理之中的。

美國成功學家拿破崙‧希爾曾聘用兩名年輕女孩當助手，替他拆閱、分類信件，薪水與從事相關工作的人沒有差別。兩個女孩對待工作也都忠心耿耿。但其中一個雖忠心有餘，但能力不足，就連分內之事也不能很好地完成，結果遭到解雇。

另外一個女孩常自動自發地幹一些並非自己分內的工作。例如，替老闆回信給讀者。她仔細研究拿破崙‧希爾的語言風格，以至於這些回信和老闆自己寫得一樣好，有時甚至更好。她一直堅持這樣做，絲毫不在意老闆是否注意到自己的努力。終於有一天，拿破崙‧希爾的祕書辭職，在尋找合適人選時，拿破崙‧希爾自然而然地首先考慮這個女孩。

　　老闆無不希望自己的員工能創造出色的業績，而絕不願意看到員工工作賣力卻毫無成效。任何一位明智的老闆都希望自己的員工精明能幹，如果自己的員工都屬於平庸之輩，那麼這位老闆自然會備感苦惱。如果員工沒有能力幫助老闆，對老闆而言又有什麼價值呢？

　　在公司最需要人才的時候，如果有一個忠誠且有能力的員工出現，使自己公司的業績一下子提高，那麼老闆一定會放心地任用這樣的員工去完成一項更艱巨的任務，並有可能重用他。

　　無論從事哪一項工作，一定要把自己訓練、培養成一個稱職的人，只有多掌握一些必要的工作技能，才能在自己所選擇從事的終身事業中，保證高績效。工作是人的天職，履行這個天職最為重要的是要有相關的技能，沒有好的技能，就不能算是稱職的員工。

　　在企業裡，如果你掌握了必要的工作技能，將會提升自己在老闆心目中的地位。可以創造高績效的員工，在老闆的心目中，是不可替代的。

　　事實表明，既能對老闆忠心耿耿又業績斐然的員工，是最令老闆看重的員工。如果你在工作的第一階段，總能找出更有效率、更經濟的辦事方法，那麼你將會被提拔，將會成為老闆著重培養的對象。因為出色的業績，已使你變成一位

不可取代的重要人物。如果你僅僅忠誠，卻總無業績可言，那麼對公司的價值就十分有限，即使老闆想重用你也會無可奈何地放棄。更進一步講，再有耐心的老闆也很難容忍一個長期無業績的員工。

功勞重於苦勞，業績高於一切

無論做什麼，到最後都只能拿業績說話，這是衡量執行力水準最直接的證明。評價每個人工作好壞的標準是拿業績說話，要實現自我發展就必須出業績，其他的一切都沒有說服力。

企業考核員工的標準只有一個，那就是業績。唯有業績才能展現一個員工的價值，業績是最能說明一切的。一直以來，許多企業都遵循「論功行賞」原則，員工有機會透過不斷提高業績水準及對公司的貢獻而獲得加薪。

日本的某企業，有一個著名的「燒檔案運動」。就是員工過了試用期，公司當眾把此員工的檔案全都燒了，讓大家忘記你來了多長時間。你是碩士、博士後還是專科生都沒有關係，大家都在一個起跑線上，按照今年的目標往前衝，看誰達到最終結果，目標完成得最好，誰就是第一。而你前面的

資歷、你幹活的態度，並不是評價你業績的重要因素。

很多世界級企業，每到年終就會以業績排序員工，排在前列的員工春風滿面，而排在後面的不但臉面無光，還隨時會有被老闆解雇的可能。這當然怪不得老闆，面對嚴峻的生存形勢，老闆只能如此。

對員工而言，透過一系列財務資料反映出來的工作業績，最能證明你的工作能力，顯示你的執行力度，展現你的個人價值。

工作的時間越長，越能顯示自己的勤奮，有些人就是這樣認為的。其實，工作效率和工作業績才是最重要的，整天忙忙碌碌地「苦勞」但不見「功勞」，並不是有效的工作者。

用結果說話，用業績證明能力，不僅是公司對員工的要求，更是市場對企業的條件。企業固然需要員工具備奉獻不已的「黃牛精神」，可是如果員工誤以為這就是公司的最終要求，並進而以此自居為功臣，那等待他的將是很不樂觀的下場。道理很簡單，如果員工取得的業績微乎其微，為企業創造的利潤少之又少，那麼整天在公司裡忙得團團轉，又有何實際意義？

員工業績匱乏，就失去了繼續工作的資格；公司利潤淡薄，就喪失了立足市場的理由。所以說，假設讓公司對員工只提一條工作要求，那絕對是用業績說話！反過來，如果員

工想得到加薪、升職等諸多優遇，那最有說服力的武器也必將是用業績說話！沒有業績，一切無從談起。

作為員工，無論你其他方面如何，工作業績都是首要的。唯有實踐成果才是證明一個人的文化知識、能力的最好依據。

出色的業績，是你立於不敗之地的真正王牌。無論你充當什麼角色，只要能把自己的職位工作做到盡善盡美，把任務執行得精準到位，就能做出業績，就能受到公司和老闆的重用。

關注結果，讓執行出成果

美國福斯特公司總裁格里‧福斯特講了一個簡單的故事，從這個故事中，你也許能對怎樣為結果負責做出比較清晰的分辨。

作為一個公眾演說家，福斯特發現自己成功最重要的一點，就是讓顧客及時見到他本人和他的資料。

事實上，這件事情如此重要，以至於福斯特管理公司有一個人的專職工作就是讓他本人和他的資料及時到達顧客那裡。

「最近，我安排了一次去多倫多的演講。飛機在芝加哥停下來之後，我往公司辦公室打電話以確定一切都已安排妥當。我走到電話旁，一種似曾經歷的感覺浮現在腦海中：」

「八年前，同樣是去多倫多參加一個由我擔任主講人的會議，同樣是在芝加哥，我打電話給辦公室裡那個負責資料的琳達，問演講的資料是否已經送到多倫多，她回答說：『別著急，我在六天前已經把東西送出去了。』『他們收到了嗎？』我問。『我是讓聯邦快遞送的，他們保證兩天後到達。』」

從這段話中可以看出，琳達覺得自己是負責任的。

她獲得了正確的資訊（地址、日期、連繫人、資料的數量和類型），她也許還選擇了適當的貨櫃，親自包裝了盒子以保護資料，並及早交給聯邦快遞，為意外情況留下了充足的時間。

但是，正如這段對話所顯示的，她沒有負責到底，直到有確定的結果。

格里繼續講他的故事：

「那是八年前的事情了。隨著八年前的記憶重新浮現，我的心裡有些忐忑不安，擔心這次再出意外，我接通了助手艾米的電話，說：『我的資料到了嗎？』」

「『到了，艾麗西亞三天前就拿到了。』她說，『但我打電話給她時，她告訴我聽眾有可能會比原來預計的多 400 人。

不過別著急，她把多出來的也準備好了。事實上，她對具體會多出多少也沒有清楚地預計，因為允許有些人臨時到場再登記入場，這樣我怕 400 份不夠，保險起見寄了 600 份。還有，她問我你是否需要在演講開始前讓聽眾手上有資料。我告訴她你通常是這樣的，但這次是一個新的演講，所以我也不能確定。這樣，她決定在演講前提前發資料，除非你明確告訴她不要這樣做。我有她的電話，如果你還有別的要求，今天晚上可以找到她。』」

艾米的一番話，讓格里徹底放下心來。

艾米對結果負責，她知道結果是最關鍵的，在結果沒出來之前，她是不會休息的 —— 這是她的職責！

所有的上司都渴望能找到像艾米這樣的雇員為他們工作。

執行任務必須拿結果說話，只有結果才能證明你的執行是否精準到位、是否卓有成效。

凡是能夠做到精準執行的員工，都是高度關注結果、並為得到結果付出全身心努力的人。他們關注於結果，並想盡一切辦法去獲得結果。他們只關心結果，對影響和阻礙得到結果的困難和問題會想方設法去克服、去解決。他們只在意是否做了正確的事情，而不會為花了精力和資源沒能帶來正面結果的事情推脫責任。

精準執行，拿結果說話

在這個越來越講究速度的快節奏時代，我們每天都在看似很忙的工作狀態下做著各式各樣的事務，可是最後一盤算，很多天來並沒有做成過幾件事，更不敢保證說哪件事做得無可挑剔。大多數的情況下，我們只是要求自己盡量地少出差錯。

我們不僅要做事，更要把事情做好，把事情做成，力求有一個好結果。試想，如果我們每天都做大量的事情，解決眾多的問題，卻一個結果也沒有落實，每件事、每個問題都有頭無尾，那還是說明沒有做完事、沒有解決掉問題。這樣擱置的問題和工作就要留到第二天甚至更長的時間來繼續解決，不斷重複解決殘留的問題和工作，勢必會嚴重影響整體的工作效率。所以，把事情做得有結果，對問題有個明確的答覆，對我們的工作很重要。

很多企業都把業績作為一個重要的考核目標，業績就是一種結果。那些在職場上只顧窮忙、苦幹的員工越來越得不到認可和欣賞，而讓業績出色、效率倍增的聰明工作方法才是每個職場人所需要學習的。

上司安排同樣性質的一件工作給小王和小劉去做。小王每天提早上班，推遲下班，連週末都不休息，儘管他忙得身

心憔悴，結果還是沒有達到上司的要求。上司每次接到小王的工作結果彙報，都皺著眉頭不滿意甚至對他嚴加指責。

而小劉卻和小王不同。小劉從不需要加班，每天只是把該做的事情都做好，力求每一件事都有一個完美的結果再著手下一件事，而不會像小王那樣老想一次做到飽，事情雖然做得不少，可結果沒有一個合格的。小劉每天報告給上司的都是好的進度與消息，上司也非常高興和滿意。不久小劉得到了升遷，小王卻還在手忙腳亂地忙乎著以前擱置的工作。

我們執行任務不能光求低頭苦幹，還要講求結果和效益。插上效率和效益的翅膀，才能飛得更高。

將執行著眼點放在「結果」上

有位老闆曾經苦笑著說，他的公司裡來了個新會計，做報表的態度很認真，報表的格式也做得漂漂亮亮，整整齊齊三張紙。可惜，報表上的數據與實際的數額相差甚遠，不僅老闆看了一頭霧水，就連她自己對報表上的原始數據的來源也都說不清楚。於是，這張報表也就成了一張廢紙，在公司管理層做決策時一點參考作用都沒有。

很多員工有一個思想上的失誤，認為自己只要完成了老

闆交代的任務，就是創造了業績，得到了結果，實際上並不是這樣。任務只是結果的一個外在形式，它不僅不能代表結果，有時還會成為我們工作中的託詞和障礙。

工作不簡單地等同於「做」，而是要「做對」、「做好」，在完成任務的基礎上追求更高層次的結果。只滿足於「完成任務」的員工不是一個好員工，不是一個主動執行、高效執行的員工。

你也許會迷惑，已經完成任務了怎麼還不算好員工？這就需要我們對「執行」一詞進行深層次地解析。長久以來，人們都將「執行」等同於「做」，以為只要去「做」就算「完成任務」了，以致產生了很多棘手問題。所以我們說，只滿足於「完成任務」的員工不是好員工，好員工應該出色地完成任務 —— 得到辦事的結果。

知名著作《請給我結果》一書中舉了一個「九段祕書」的例子。

總經理要求祕書安排次日上午九點開一個會議。通知所有參會的人員，然後祕書自己也參加會議，這是任務。下面是祕書的九個段位的具體做法。

一段祕書的做法：發通知 —— 用電子郵件或在黑板上發個會議通知，然後準備相關會議用品，並參加會議。

二段祕書的做法：抓落實 —— 發通知之後，再打一通電

話跟參加會議的人確認,確保每個人都被及時通知到。

三段祕書的做法:重檢查 —— 發通知,確定人會到後,第二天在會前 30 分鐘提醒與會者參會,確定有沒有變動,對臨時有急事不能參加會議的人,立即彙報給總經理,保證總經理在會前知悉缺席情況,也給總經理確定缺席的人是否必須參加會議留下時間。

四段祕書的做法:勤準備 —— 發通知,確定收到,會前通知後,去測試可能用到的投影機、電腦等設備是否運作正常,並在會議室門上貼上小條:此會議室明天幾點到幾點有會議。

五段祕書的做法:細準備 —— 在會前通知之後,不僅測試了設備,還事先了解了這場會議的性質是什麼,要裁決的議題是什麼。然後給與會者提供與這個議題相關的資料,供他們參考(上司通常都是很健忘的,否則就不會經常對過去一些決定了的事,或者記不清的事爭吵)。

六段祕書的做法:做記錄 —— 除了提供相關會議資料,在會議過程中詳細做好會議紀錄(在得到允許的情況下,做一個錄音備份)。

七段祕書的做法:發紀錄 —— 會後整理好會議紀錄(錄音)給總經理,然後請示總經理是否發給參加會議的人員,或者其他人員。

八段祕書的做法：定責任 —— 將會議上確定的各項任務，一對一地落實到相關負責人，然後經當事人確認後，形成書面備忘錄，交給總經理與當事人一人一份，並定期追蹤各項任務的完成情況，及時彙報總經理。

九段祕書的做法：做流程 —— 把上述過程做成標準化的會議流程，讓任何一個祕書都可以根據這個流程，把會議服務的結果做到九段，形成不依賴於任何人的會議服務體系！

從以上九個不同段位的祕書的做法中我們可以看出，執行並不是只有一個結果，不同執行力的人給出的結果也不同。但無疑，九段祕書給出的結果才是最具執行力的展現。

所以，對於每一個員工來說，在做執行任務時不能將目光只停留在「完成任務」上，應該看得更長遠一些，將執行的著眼點放在「結果」上，而且，最好是一個能夠創造價值的好結果。

執行重行動，更要重結果

對結果負責是精準執行的內涵之一。一個優秀的員工懂得：執行到底，用出色的成果向老闆覆命。只有這樣，才能保證執行力，才能勝任本職工作。

比起誇誇其談，美軍西點軍校更看重實際行動、努力追求完美結果。麥克阿瑟（Douglas MacArthur）本人便是這樣的。

1899 年 6 月 13 日，麥克阿瑟來到西點軍校報到。當時他已是一個風流倜儻、瀟灑漂亮的小夥子，被人稱為「軍校有史以來最英俊的學員」、「典型的西部牛仔」。有人說他像王子一樣神氣，黑頭髮，黑眼睛，即使只穿游泳褲，別人也能一眼看出他是個軍人。為了管住這位漂亮的士官生，使之不受風流韻事的干擾，其母親也一同跟著來到西點，住在學校附近的一家旅館裡，一陪就是兩年，直到丈夫從菲律賓回國後，她才離開兒子。在母親的督促下，麥克阿瑟進步飛快。

麥克阿瑟善於在群體中樹立自己的形象，競爭越激烈，他越能脫穎而出。在學業上，他比班上其他人更用功，常在熄燈號吹過、瓦斯停止供應後，他還點著蠟燭讀書。為了不被察覺或不影響他人休息，他就用軍毯把床圍起來。由於他思維敏捷、反應快，加之學習用功，其接受能力、理解能力、背誦能力和表達能力都很強。第一學年結束時，在全班134 名學員中，麥克阿瑟的成績名列第一，並得到與一位四年級學員同住一個寢室的優待。因為四年級學員允許比其他年級的學員晚休息一個小時，這樣麥克阿瑟就多了一個小時的學習時間。在其後的三年中，麥克阿瑟的課業成績除第三

年降到第四名外，其他均為全班第一。到畢業時，他的總成績平均為 98.14 分，據說是二十五年來西點學員所取得的最高成績，在以後的許多年裡也無人能夠超越。

麥克阿瑟不但在文化課程方面出類拔萃，而且在軍事訓練和體育運動上也表現不凡。由於從小在軍營裡長大，他在耳濡目染中掌握了一定的軍事知識和訓練技巧，因此他的軍事科目樣樣優秀，無可匹敵，尤其擅長射擊和騎術。他是學校棒球隊的一員，曾贏過多次比賽。他還加入過足球隊和橄欖球隊，曾擔任橄欖球隊的領隊。

麥克阿瑟在西點軍校的另一引人注目之處是他所展示的領導才能。他曾連續三年獲得同年級學員中的最高軍階：二年級時任學員下士，三年級時任第一上士，四年級時任全學員隊的第一上尉和第一隊長。在西點軍校百年史上，獲得學員第一上尉和畢業成績第一這一雙重榮譽的，在他之前只有三個人。

麥克阿瑟在第一、第二次世界大戰中也有卓越的表現。在第一次世界大戰中，他率領的彩虹師戰功卓著，他本人也成為大戰中受勳最多的軍官之一，是被提拔為準將的最年輕的軍官之一。

西點人明白，勝利是最好的說明。唯有卓越的成績可以說明一切。所以西點的教官十分注重向學員灌輸結果意識，

讓所有的學員明白全力以赴、奪得第一，才能帶來榮譽。

在公司工作與在部隊打仗一樣，都是以結果為導向的。

我們在公司工作，腦子裡千萬不能有這種思想：你安排我做這件事，我就做了這件事，我只對事情的過程負責，我不對結果負責。但公司真正想要的並不是做事的過程，公司要的是這件事的結果！從事同樣的工作，結果才是考核優劣的重要標準。工作不僅要去做，更要做成、做好。

只有具備結果思維且不斷創造功勞的人，才能有更好的發展！

按時間、按品質、按數量精準執行

大家都知道，在軍隊中，每當首長向士兵發出一項命令時，士兵們都會毫不猶豫地接受，響亮地回答：「保證完成任務！」他們接受了命令，以「保證完成任務」為己任，不怕困難，完美地執行了任務，充分地展現了戰士堅決執行命令、排除萬難完成任務的勇氣、精神和特質。

作為員工，我們也應當具備這樣的精神。對於老闆交代的任何一項任務，都要勇於回答「保證完成任務」。保證完

成任務，意味著面對一項任務，沒有任何藉口，必須執行到位！

保證完成任務，是精準執行到位的一大要點，其含義是對上級交代的任務，不折不扣地全部做好。要把任務完成，確保執行到位，必須達到三個標準：按時間、按品質、按數量。三者缺一不可。

一家外貿公司的老闆要到美國辦事，且要在一個國際性的商務會議上發表演說。他身邊的幾名要員忙得頭暈眼花，甲負責演講稿的草擬，乙負責擬訂一份與美國公司的談判方案，丙負責後勤工作。

在該老闆出國的那天早晨，各部門主管也來送行，有人問甲：「你負責的檔案打好了沒有？」

甲惺忪睡眼地說道：「今早我熬不住就睡了四個小時。反正我負責的檔案是以英文撰寫的，老闆看不懂英文，在飛機上不可能復讀一遍。待他上飛機後，我回公司把檔案打好，再以電訊傳去就可以了。」

誰知轉眼之間，老闆駕到，第一件事就是問這位主管：「你負責預備的那份檔案和資料呢？」這位主管按他的想法回答了老闆。老闆聞言，臉色大變：「怎麼會這樣？我已規劃好利用在飛機上的時間，與同行的外籍顧問研究一下自己的報告和數據，這不白白浪費坐飛機的時間了嗎？」

天！甲的臉色一片慘白。

到了美國後，老闆與要員一同討論了乙的談判方案，整個方案既全面又有針對性，既包括了對方的背景調查，也包括了談判中可能發生的問題和策略，還包括如何選擇談判地點等很多細緻的因素。乙的這份方案大大超過了老闆和眾人的期望，誰都沒見到過這麼完備而又有針對性的方案。後來的談判雖然艱苦，但因為對各項問題都有細緻地準備，所以這家公司最終贏得了談判。

談判結束，回到國內後，乙得到了重用，而甲卻受到了老闆的冷落。

在上面的故事裡，甲與乙所承擔的任務都與老闆的事務密切相關，但是甲卻在執行的最後一個流程疏忽了老闆行程安排上可能會有的變故，不但耽誤了老闆的工作，替公司帶來了麻煩和損失，也破壞了自己在老闆心目中的形象。而乙完備且周詳的方案則顯示出乙在執行過程中按時間、按品質、按數量的責任意識。其實，同甲相比，乙不過是在執行中稍微「到位」了一點而已，其結果卻大不相同。

在工作中，絕對不能滿足於「做了」這一點上。滿足於「做了」，不僅浪費資源，更可怕的是自欺欺人，既有可能耽誤自己的前途，也有可能影響公司發展，乃至使公司產生危機。

「保證完成任務」並不是一句簡單、冒失的口號，而是一種說出來就必須做到的承諾。

不計代價，使命必達

1971 年，弗雷德・史密斯（Fred Smith）懷著勃勃雄心創立了聯邦快遞公司。2004 年，聯邦快遞的營業額已經達到 224.87 億美元，在《財富》雜誌全球前 500 大企業中排名第 221 位。眾所周知，軍隊的執行能力都很強，這對曾經是美國海軍陸戰隊員的弗雷德・史密斯著力打造執行型企業有著深刻影響。從公司建立之日起，弗雷德・史密斯就把「不計代價，使命必達」這一信念深深烙刻在員工心中，為了做到「使命必達」，他們不顧成本，不惜一切代價，也要把包裹送到收件人手中。所以無論寄送地多麼偏僻，無論包裹價值高低，只要接過客戶的包裹，就必須「使命必達」，即使運送成本遠遠高於客戶給予的費用。

作為一個企業，再偉大的目標與構想，再完美的操作方案，如果不能強而有力地執行，最終只能是紙上談兵。聯邦快遞在與其他快遞公司做著同樣的事情，只是比別人做得好、落實更到位、執行更有效果，所以它更受顧客的認同，

自然也獲得了更大的成功。

執行，很多時候就是一種堅持到底的信念，有了這種信念，才能不計代價，使命必達。抱有這種執行態度的人，在執行工作的過程中，他們從不會因為遇到困難而停止腳步，更不會在困難面前退縮，而是勇敢地去面對，積極想辦法。他們清楚，只要積極主動地面對工作中的困難，就一定可以找到排除困難的辦法。

張浩是一家電氣公司的市場總監，他曾講述自己剛剛從事行銷工作時的感人經歷。張浩原來是公司的生產工人，1992 年的時候，他主動請纓，申請加入行銷行列。當時，公司正在應徵行銷人員，經理便同意了。

那時，公司還很小，只有 30 多個人，面臨著許多要開發的市場，公司卻沒有足夠的財力和人力。因此，張浩隻身一人被派往一個區域市場（其他市場，也只派出一個人）。在這個城市裡，張浩一個人也不認識，吃住都成問題，但心中「使命必達」的責任感使他絲毫沒有退縮。沒有錢乘車，他就步行，一家一家地去拜訪，向他們介紹公司的產品。他經常為了等一個約好見面的人而顧不上吃飯，因此落下了胃病。他住的地方是一家被閒置的車庫，由於只有一扇捲簾門，而且沒有電燈，晚上門一關，屋子裡就沒有一絲光線，倒有老鼠成群結隊地「載歌載舞」。

那個城市氣候不佳，對於一個物質匱乏的業務員，多變的氣候無疑是沉重的考驗。

公司的條件差到超乎張浩的想像，有一段時間，連產品宣傳資料都給不齊，張浩只好買來影印紙，自己用手寫宣傳資料，好在他寫得一手好字。

在這樣艱難的條件下，人不動搖是不可能的。但每次動搖時，張浩都對自己說：這是我的使命，我必須完成。一年後，派往各地的行銷人員回到公司 —— 當然，其中有六成人員早已不堪工作艱辛而悄無聲息地離職了 —— 張浩的成績是最好的。

最好的員工自然能得到最好的回報。三年後，張浩被任命為市場總監，這時，公司已經是一個擁有幾萬人的大型企業了。

這個事例是一個很好的關於執行態度的案例。面對同樣的困難，大多數行銷人員選擇了放棄，而張浩卻不畏困難，設法去製造機會，並最終透過努力成功地開啟了市場，同時也改變了自己的職業生涯。

任何事情的完成都不是一帆風順的，所以執行的路上很可能荊棘密布，然而困難並不可怕，可怕的是在困難面前失去前進的勇氣。就像未戰先怯的士兵，沒到戰場就已經喪失了戰鬥力，這樣的士兵不是稱職的士兵，這樣的員工也不是稱職的員工。

踐行「羅文精神」，用結果覆命

1898 年 4 月，美國和西班牙戰爭爆發後，美國總統威廉·麥金利（William McKinley）必須立即和西班牙的反抗軍首領加西亞（Calixto García）將軍取得連繫，以便了解西班牙軍隊在古巴島的情況，從而制定行之有效的作戰方略。但加西亞在古巴叢林裡作戰，神出鬼沒，沒人知道他的確切所在。一個名叫羅文的中尉接受了這項看似難以完成的任務。這項任務很明確，就是要把美國總統的親筆信交給加西亞將軍，至於怎麼找到加西亞，一點兒線索都沒有。羅文孤身一人輾轉前往古巴，四天後的一個夜裡，他在古巴上岸，消失於叢林中。最後，他歷盡千辛萬苦，憑藉勇氣、機智、責任心和不屈不撓的意志，終於把信交給了加西亞。

在羅文身上，展現了一種職業精神——忠誠、責任、創造性的執行力。

長久以來，「羅文精神」已經成為了敬業、服從、執行的象徵。其實，在這些優秀特質背後，還蘊藏著大多數人所沒有意識到的更深刻的理念：創造性地執行並完成上級交辦的任務，用最好的結果向上級覆命。

任何企業都希望自己的員工能成為羅文一樣的人。作為員工，不能只是機械地執行上級交辦的任務，更不能迴避工

作中的困難和問題，而應動動腦筋，積極思考，尋找一切可能的方法去解決問題，迅速、及時、高效、圓滿地完成任務，用最好的結果向上級覆命。

有一家銀行，分別貸巨款給四位 20 歲的青年，條件是他們必須在三十年內還本付息。

第一位青年心想，突然有了一筆款，可以放鬆了。於是工作得過且過，敷衍了事。還不到五年，他的錢就花光了 —— 他一無所得。這位青年的名字叫「懶惰」。

第二位青年很興奮，每天忙忙碌碌，恨不得每週工作八天！但是他辦事不用腦子，差錯不斷……雖然他付出的勞動比別人多，但得到的卻很少。勉強堅持到第十一年，還是賠了本。他的名字叫「蠻幹」。

第三位青年小心謹慎，凡事服從，總是等到命令才動手。常常臨時抱佛腳，結果事倍功半，累死累活才在三十年後還上本錢。他的名字叫「盲從」。

第四位青年工作積極，他懂得準備的重要，因此工作效率很高。只有他，不僅在第十個年頭上就還本付了息，還可以拿出餘款貸給別人。誰都知道，他的名字叫「效率」。

當年，讓他們貸款的銀行，叫「工作銀行」。

其實，每一個人的工作都是人生的貸款，是要自負盈虧的。

任何一個企業都不需要像第一位青年那樣的員工，他都不能為了自己而自動自發，又怎麼能期待他為別人服務呢？

同樣，「蠻幹」和「盲從」類型的員工也不能為企業帶來益處，他們的行為只能讓事情變得更糟。

在忠誠、敬業、主動的基礎上，並能創造性地完成工作任務，才是「羅文精神」的核心。

「羅文精神」就是服從命令、忠誠敬業、積極主動、追求卓越的執行精神，是全力以赴、排除萬難、創造性完成任務的精神。這種精神正是我們今天所要倡導的執行精神，也是社會發展所需要的精神。

作為公司的員工，無論你在什麼部門、什麼職位，從事什麼工作，都需要圍繞終極目標積極探索執行的途徑，這是提高執行力更高層次的表現。

我們更要發揮自己的聰明才智，依據工作環境和形勢的變化，努力適應新形勢，發揮自己的主觀能動性，精準、靈活、高效地完成上級交辦的一切任務。

第 6 章　方法精準
── 如何完成比難更難的事

執行要動手、要行動，更要用腦、用方法。一個努力執行任務的人，可以打 60 分，而一個既努力執行又善用方法執行任務的人，才可以打 100 分。講究方法，執行事半功倍；缺少方法，執行事倍功半。

在這個追求效率的時代，做事要講技巧，執行要講方法。執行任務的過程，同時也是問題產生的過程。問題要解決，靠什麼？靠方法。用對方法做對事，完成比難更難的事。

沒有如果，只有如何

經常看到一些員工悔恨地對自己說：「如果我沒有做這或那就好了……如果當時的環境不那麼糟糕，我肯定能把這項任務做好……如果別人不這樣不公平地對待我的話……如果主管給我安排一個簡單易操作的專案的話……如果小李、小王大家都能夠很好地配合我的工作的話……」就這樣從一個不妥當的解釋或推理轉到另一個，一圈又一圈地打轉，卻於事無補。不幸的是，世上有不少人喜歡失敗後這樣為自己找「如果」。

1970 年代中期，索尼彩色電視機在日本已經很有名氣了，但是在美國，索尼的銷售慘淡。索尼公司沒有放棄美國市場，卯木肇擔任了索尼國際部部長。上任不久，他被派往芝加哥。

當卯木肇來到芝加哥後，他吃驚地發現，索尼彩色電視機竟然在當地的寄賣商店裡布滿了灰塵，無人問津。如何才能改變索尼彩色電視機這種滯銷商品的現狀呢？卯木肇陷入了沉思……

一天，卯木肇駕車去郊外散心。在歸來的路上，他注意到一個牧童正趕著一頭大公牛進牛欄，而公牛的脖子上繫著一個鈴鐺，在夕陽的餘暉下叮噹叮噹地響著，後面是一大群

牛跟在這頭公牛的屁股後面，溫順地魚貫而入……

　　此情此景令卯木肇一下子茅塞頓開，他一路上吹著口哨，心情特別愉快。想想一群龐然大物居然被一個小孩兒管得服服貼貼的，為什麼？還不是因為牧童牽著一頭帶頭牛。索尼要是能在芝加哥找到這樣一家「帶頭牛」商店來率先銷售，豈不是很快就能開啟局面？卯木肇為自己找到了開啟美國市場的鑰匙而興奮不已。

　　卯木肇立即從寄賣店取回貨品，取消削價銷售，在當地報紙上重新刊登大幅廣告，成立特約維修部後去找芝加哥市最大的一家電器零售商馬歇爾公司。透過種種辦法，卯木肇把索尼彩色電視機送進了馬歇爾公司，有了馬歇爾這隻「帶頭牛」開路，芝加哥的 100 多家商店都對索尼彩色電視機「群起而銷之」，不到三年，索尼彩色電視機在芝加哥的市場占有率達到了 30%。

　　卯木肇積極地尋找辦法，使索尼彩色電視機最終成功地打入美國市場，從滯銷到暢銷。

　　沒有如果，只有如何。所以，執行任務時遇到困難和問題，遭受失敗和挫折以後，把注意力放在「如果」上面是解決不了任何問題的，而應當將注意力放在「如何」上，多想想「如何做」才能解決問題。

　　「如果」是一種假設、虛擬，只是一種想像，多半不能實

現。而只有想「如何」，在困難到來時，才能毫不推脫，立刻找尋最佳的解決辦法。「如果」的設想和藉口沒有用，「如何」的回答才能解決問題。只要多想想「如何」去做、「如何」去執行，而不是糾纏於「如果」式的各種藉口中，就一定能克服工作中的困難，走出執行中的困境，開啟工作新局面。

找出問題症結，開啟執行死結

在執行任務過程中，總會出現這樣、那樣的問題。當問題發生時，你不能只看到問題的表面，而是應該找到問題的癥結：為什麼會發生這樣的問題，而不是發生別的問題？為什麼在這個流程出了問題，而其他容易出問題的流程卻運轉良好？這才是你真正應該探究的內容。

很多人執行任務並不知道抓住核心問題，做了很多無用功。因此，凡事先別忙著解決，看好問題出在哪裡，再對症下藥。

業務員小周有一個令他十分頭疼的客戶，這個客戶專愛拖帳，而且往往一拖就是好幾個月。

為了這個客戶，小周不知道讓經理數落了多少次。其實，並不是他不積極地去催帳，只是這家公司老闆老謀深

算，只要祕書一聽見電話那頭傳來小周的聲音，便會馬上接著說：「我們老闆不在。」然後，「咔嚓」一聲結束通話了電話，叫小周向誰開口要錢呢？

若是直接跑到客戶的公司門口，櫃檯小姐一看到他，便中氣十足地址著嗓子喊道：「真是不巧，我們老闆今天不在！」

做生意做得這麼痛苦，小周不是沒想過乾脆不要和這家公司打交道，只是市道冷清，如果放掉這隻大魚，可能會連魚乾都吃不到！為了長期的利潤著想，小周只好硬著頭皮，一次又一次地上門去碰釘子。

終於有一天，小周想出了一個對症下藥的辦法。他匆匆忙忙來到客戶的公司。照例，在門口就吃了櫃檯小姐的閉門羹，她大聲地喊道：「我們老闆不在，請你先回去，等老闆回來我再請他打電話給你。」

小周只好點了點頭，轉身走向門口。臨出門前，像是忽然記起了一件事情，他走回櫃檯，從公文包裡掏出一封信交給櫃檯小姐：「要是老闆回來了，麻煩把這封信轉交給他。」

說完，小周就急忙離去。

過了一會兒，又看到小周氣喘如牛地跑回來，他上氣不接下氣地對櫃檯小姐說：「很對不起，剛才的信給錯了，請還給我。這封信才是給老闆的。」

櫃檯小姐走到辦公室裡拿了那封信出來交還給小周。

小周瞄了信封一眼，發現信封已經有被拆開過的痕跡，興奮地說：「太好了！老闆已經回來了，請帶我去見他。」

就這樣，小周順利地見到了老闆，拿到了貨款。在把貨款放進公文包的同時，他看了看皮包裡那封被拆開的信，信封上寫著：「內有現金，請親啟。」

小周臉上浮現了得意的笑容。

小周的問題是，有一個貪心的客戶因為貪心，總是拖帳，如果想要成功的收回帳款，小周必須先從人性的貪婪面著手。

任何問題的答案，都隱藏在問題之中。解決執行問題的第一步，就是深入了解，找到問題的根源。只有對症下藥，問題才能迎刃而解，從而為執行開啟通道。

釐清解決問題的真正目的

打靶找靶心，解決問題要看清問題的關鍵。但是只把問題的所在找出來還是不夠的，我們還應該釐清解決問題的真正目的，也就是說為什麼要解決這個問題。

　　我們在執行任務時常常會出現這樣的情況：問題解決了，可是結果卻不是以前所想像的那樣；問題解決了，可是卻花費了很多不必要的時間和精力；問題解決了，成本卻加大了；表面上看問題解決了，實質上問題的癥結依然存在；一個問題解決了，新的問題又出來了……可見，光是把問題解決了還是不行，關鍵是問題既要得到解決，又要達到所期待的結果。

　　釐清解決問題的真正目的，就是要讓我們做到既能有效地解決問題，又能精準地執行任務，快速地實現目標。要釐清解決這個問題是想達到什麼樣的效果，滿足我們怎樣的需求等，否則就是勞而無功，費力不討好。

　　甲、乙兩人都是剛進公司的業務人員，但甲似乎總對乙的成績不服氣，他向業務經理抱怨：「同樣都是做業務，為什麼乙總是得到表揚，而且業績出色，我卻業績平平呢？」業務經理明白這個年輕人的心理，便把甲、乙二人都叫過來，他要讓甲知道乙究竟有什麼優勢。

　　業務經理先對甲說：「你馬上到市場上去，看看今天有什麼賣的。」

　　甲考察市場後返回：「市場上只有一個農民拉了車馬鈴薯在賣。」

　　「一車大約有多少袋，多少斤？」銷售經理問。

157

甲又跑出去了，不一會兒滿頭大汗地回來，報告說：「有40 袋。」

「價格是多少？」

「我再去問問。」甲剛要出門，被銷售經理叫住了，「請休息一會兒吧，看看乙是怎麼做的。」

「你馬上到市場上去，看看今天有什麼賣的。」銷售經理對乙說。

乙考察市場後返回，報告說：「現在為止，只有一個農民在賣馬鈴薯，有40 袋，價格適中，品質很好，我帶回幾個讓總經理看。這個農民一會兒還將弄幾箱番茄上市，價格也公道，可以進一些貨。我想這種價格的番茄總經理大約會要，所以我不僅帶回來幾個番茄做樣品，而且把那個農民也帶來了，他現在正在外面等回話呢。」

甲愣在那兒，不知說什麼好。

「現在你明白了吧？」業務經理笑著說。

從故事中我們可以知道，業務人員甲和業務人員乙之所以有著很大的差距，關鍵在於甲對業務經理的內心要求沒有深入理解。所以，乙可以一次性解決經理提出的問題，而甲只能勞而無功。

所以，在執行任務的過程中遇到問題時，要先弄清楚問題透過解決要達到什麼目的，再選擇合適的方法去做，並且

最好選擇最快捷、最省時省力的方法一步到位。

總之，只有釐清解決問題的真正目的，才能尋找和使用合適的方法使問題順利解決，精準地執行任務，實現高效執行的目的。

打造思維利劍，剖開執行困境

在執行任務過程中，遇到困難的時候，最為關鍵的是要想到「如何」二字，即如何擺脫困境、如何從困境中奮起、如何解決自己面臨的問題。

那麼，擺脫執行困境的方法都有哪些呢？

1. 換一番思維，換一片天地

「山重水複疑無路，柳暗花明又一村。」一扇門關上，另一扇門會開啟。世界上沒有死胡同，關鍵就看你如何去尋找出路。有一句話說得好，「橫切蘋果，你就能夠看到美麗的圖案」。當你在執行過程中遭遇困境的時候，學著換一種眼光和思維看問題，多嘗試從不同的角度去思考問題，才能夠化困境為順境、化問題為機遇，找到反敗為勝的機會。

2. 正向思維 —— 把危機變成轉機

「危機」這個詞是由兩個字組成的，「危」字的意思是「危險」，「機」字則可以理解為「機遇」。通常，保守膽怯的人習慣性地只看到「危險」，而看不到「機遇」；那些膽大心細、善於把握機遇的人卻能撥開危險的迷霧抓住機遇，而抓住機遇離成功也就不遠了。

3. 主動反省 —— 在問題中成長自我

如果你沒有勇氣離開陸地，那麼你永遠都無法發現新的海洋。如果你沒有膽量接受問題的挑戰，那麼你永遠也無法在問題中獲得成長。逃避問題和障礙，你就永遠無法解決問題，永遠無法完成任務。所以要經常問自己：「我如何能從問題中找到機會？我如何能從這種狀況中得出些好結果來？」

另外，理想的反省時間是在一段重要時期結束之後，如週末、月末、年末。在一週之末用幾個小時去思索一下過去七天中執行任務的情況，月末要用一天的時間去思索過去一個月中執行任務的情況，年終要用一週的時間去審視、思索、反省執行任務中遇到的每一件事。

自我反省的時間越勤越有利。假如你一年反省一次，你一年才知道優、缺點，才知道自己做對了什麼，做錯了什

麼。假如你一個月反省一次，你一年就有了 12 次反省機會。假如你一週反省一次，你一年就有 54 次反省機會。假如你一天反省一次，你一年就有 365 次反省機會。反省的次數越多，執行任務犯錯的機會就越少。

　　一個從不犯錯誤的人是懦夫，一個總是犯錯誤的人是傻子。一個人要擁有成功的人生就要學會在失敗和錯誤中學習成長。在這裡有幾條從錯誤中學習的方法可以供你參考：

(1)　誠懇而客觀地審視周遭情勢。不要歸咎別人，而應反求諸己。

(2)　分析失敗的過程和原因。重擬計畫，採取必要措施，以求改正。

(3)　在重新嘗試之前，想像自己圓滿地處理工作或妥善處理問題時的情景。

(4)　把足以打擊自信心的失敗記憶一一埋藏起來。它們現在已經變成你未來成功的肥料了。

(5)　重新出發。

　　一個希望從錯誤中學習並期待成功的人，可能必須反覆實踐以上步驟，然後才能如願實現目標。重要的是每嘗試一次，你就能夠增加一次收穫，並向目標更前進一步。

尋找方法，做職場執行明星

我們通常可以看到這樣的現象：兩個員工做性質相同的工作，一個加班、身心疲憊卻仍然做得不好，而另一個則輕輕鬆鬆地完成任務並得到了上司的賞識。在這裡，方法發揮了決定性作用。只有方法對了，才能省時、省力、省心地完成任務。

好的方法往往能爭取到更大的發展空間。某年，美國福特汽車公司推出了一款效能優秀、款式新穎、價格合理的新車。但這款新車的銷售業績遠遠沒有達到預期效果。公司的經理們絞盡腦汁也沒有找到讓產品暢銷的辦法。

剛畢業的見習工程師艾柯卡是個有心人，他了解情況後就開始思索怎樣能讓這款汽車暢銷起來。有一天，他向經理提出了一個創意，即在報上登廣告，標題是「花 56 元買一輛 56 型福特。」這是個很吸引人的口號，很多人紛紛打聽詳細的內容。原來艾柯卡的方法是誰想買 56 型福特汽車，只須先付 20％的現金，餘下部分可按每月付 56 美元的辦法分三年付清。

他的建議被公司採納，而且成效顯著。「花 56 元買一輛 56 型福特」的廣告深入人心，它打消了很多人對車價的顧慮，創造了一個銷售奇蹟。艾柯卡很快就受到賞識，不久他

就被調往華盛頓總部成為地區經理，並最終坐上了福特公司總裁的寶座。

不懼困難，相信自己，找到方法就能令你走出困境，贏得更多的機會，為執行開創出一片新天地。

阿當應徵到一家皮鞋店當店員的第一天，便碰到了一位挑剔的顧客。

這是一位穿著時尚的女孩，挑了半天皮鞋卻連一雙都看不上。阿當耐心地又拿出一雙新潮時裝鞋，說：「小姐，這鞋款式不錯，穿在你腳上定會足下生輝。」

「真的？」女孩淺淺一笑，拿鞋試了一下，「喲，是不錯，好，我就買這雙。多少錢？」「360 元。」阿當回答。

女孩開啟錢包取錢，突然眉頭一皺。「糟了，我錢未帶夠，身邊只有 250 元，這樣吧，我先付 250 元，餘下的 110 元明天拿來給你，好嗎？」說完，兩隻眼睛熱辣辣地盯著阿當。

阿當被她看得不好意思，忙說：「可以！可以！」說完，隨即在一張紙上寫道：「購鞋一雙 360 元，先付 250 元，暫欠 110 元。」寫好後遞給那女郎：「對不起，麻煩你簽個名。」那女郎先是一愣，隨即爽快地簽下了「劉沙沙」三個字。

阿當收了錢，俐落地將鞋包好交給女孩，女孩拎過鞋子，拋了個媚眼，走了。

這一切都被老闆看在眼裡。「這女人你認識？」

阿當搖搖頭：「不認得。」

老闆一聽火了：「不認得你怎麼能賒給她呢？你被她騙了。」

阿當胸有成竹地說：「我已將兩隻鞋子全部調成左腳的，她過幾天肯定要來換。」

老闆恍然大悟，不由得開心地豎起了大拇指：「真是高招啊！」

過了一段時間，阿當被升遷為業務部的經理。

執行任務時主動找方法的人永遠是職場的明星，他們在公司裡創造著主要的效益，是公司今日最器重的員工，也是公司明日的支柱乃至領袖。

執行任務過程中隨時會出現問題，而問題不會自動消失，只有方法找對了，你才能成功地解決它。但是方法不是固定不變的，也不是等來的，它往往需要你絞盡腦汁地去思考、思索、反覆試驗。

執行無難事，方法總比困難多

執行任務的過程不會一帆風順，總會出現這樣、那樣的問題。只要我們相信「方法總比問題多」，只要動動腦筋，正向思考，凡事都會有方法解決，而且總有更好的方法。

小李被董事長任命為業務經理，這個消息是同事們所沒有意料到的，誰都知道，公司目前的境況不佳，迫切需要拓展業務以求生存，這個業務經理的位置更顯得重要了，也正由於此，這個位置一直沒有找到合適的人選。與其他幾個較資深的同事相比，貌不驚人、言不出眾的小李並無多少優勢可言。

很快有好事者傳言，小李的升遷，得益於前些日子大廈電梯的突然停電。

那天晚上公司加班，近 10 點時才結束，小李走得最遲，在電梯口遇到了董事長等人。電梯執行時突然因停電卡住了，四周頓時一片漆黑，時間一分一秒地過去，大家開始抱怨，兩個不知名的女孩更顯得局促不安。這時閃出了一個小火苗，是從打火機發出的，人們立刻安靜下來。在近一個小時的時間裡，小李的打火機忽亮忽滅，而他什麼也沒說。

有些人對小李的升遷不服。不久後，董事長在公司員工

的會議上說了這件事，並解釋道：「因為在黑暗裡，小李點燃手中所有的火種，而不像有些人那樣在抱怨、詛咒這不愉快的事件和黑暗，我們公司要走出谷底，不被一時的困難壓倒，需要小李這樣的人。」

越是在困境中，就越是考驗一個人的能力與品格。埋怨是無濟於事的，只有利用手中的「火種」去驅散黑暗，才能創造一個光明的前程。

有問題就要解決。怎樣解決？當然是用方法解決。只要找對了方法，再難的問題也不是問題。

在工作中，困難與問題固然給我們帶來很多麻煩，但是，也可以對我們靈感的刺激和潛能的挖崛產生正面的推動作用。「方法總比問題多」，是一種勇於面對困難並勇於挑戰困難的精神，同時也是一種透過尋訪方法去解決問題的負責態度。這種態度對於精準執行任務，順利實現目標至關重要。

執行任務會有問題、有困難，不要怕問題、怕困難、找藉口，要積極找方法。越去找方法，便越會找方法；越會找方法，就越能創造大的價值。主動找方法，不僅能提高執行的效率，還能提高做事的信心。

為尋找方法而經常思考吧！它會帶給你意想不到的收穫。

精準執行，難者不會、會者不難

面對執行中出現的問題，很多人會這麼說：「這個問題很難辦，我無能為力」、「我以前沒做過這個」、「我不會做」等等。有這樣說法的人，多是比較因循守舊的類型，這些人在工作上缺少自動自發的精神，不會主動地去解決問題和困難，更談不上創新。他們會停止在以往的經驗和思維慣性中，工作也很難有所突破。

那些畏懼問題或是在問題面前尋找託詞的人當中，除了少數人經驗不夠或知識水準欠缺，使他們面對困難時果真很頭疼外，大部分人並不是完全不會，而是不想做、不願意想方法來解決困難。這些人常常用「不」、「不會」、「不知道」、「不想」、「不擅長」等否定詞，以此表示自己「不會做」，不願意想辦法解決。如果不主動去探尋做一些事的最佳方法，那麼會覺得很多事情很難做，也就是「難者不會」。

實際上，有的問題看似很難辦，有的事情看似複雜，一旦著手解決或做起來，就會發現並不像人們形容的那樣難。甚至在有些經驗豐富的人看來，這些難題根本稱不上是難題，只要用對方法，就很容易解決，也就是我們常說的「會者不難」。

解決執行中的問題並非無路可尋，只要動動腦筋努力思

考，總能找到解決的方法。以下提供幾種方法，供大家在平時的工作中參考：

1. 碰到困難，首先想清楚問題是什麼

一位老婦人走進店內，店員小姐熱情地接待：「請問您想買點什麼？」

「我想買一個暖氣。」

「啊，您是多麼幸運啊！我們的暖氣品質非常好，而且有豐富的款式可供您選擇。有很多人喜歡買我們的暖氣，讓我拿給您看看。您看看這個暖氣，它的特點是占用空間小、效能優良、堅固耐用，暖氣的加熱控制非常嚴密、熱感應強，暖氣運作系統是經過科學實驗設計的，不容易發生漏水、斷裂等事故。請您放心使用吧！您若不滿意，再看看另一種，這一種暖氣是用進口環保材料製作的……」

產品介紹完畢，店員小姐又問：「現在您還有什麼問題嗎？」

「其實我只有一個問題，這些暖氣中，哪一種最能讓我感到暖和？」老婦人說。

不清楚問題是什麼，任何解決方案都是毫無意義的。不能充分地理解問題，面對問題就會感到無從下手，結果不可

能取得成功。只有弄清問題的實質，才能對症下藥，找到問題的解決方法。

2. 抓住核心問題

秦穆公召見九方皋，派遣他去尋找千里馬。三個月之後，九方皋回來了，向秦穆公報告說：「千里馬已經找到了，在沙丘那個地方。」秦穆公問他：「是一匹什麼樣的馬呢？」九方皋回答說：「是一匹黃色的母馬。」秦穆公派人去看，結果是一匹公馬，而且是黑色的。秦穆公非常不高興：「連馬的顏色和雌雄都分辨不出來，又怎麼能知道是不是千里馬呢？」伯樂聽說此事，長嘆一聲說道：「九方皋相馬的本領竟然高到了這種程度！這正是他超過我的原因啊！他抓住了千里馬的主要特徵，而忽略了牠的表面現象；注意到了牠的本領，而忘記了牠的外表。他看到應該看到的，而沒有看到不必要看到的；他觀察到了所要觀察的，而放棄了所不必觀察的。像九方皋這樣相馬的人，才真達到了最高的境界！」那匹馬，果然是天下難得的千里馬。

一個人對於某事猶豫不決時，會感到迷惑或徬徨。這時候，如能針對自己的目的，抓住核心問題來研究，就可以抓住事情的本質而不致出錯。

3. 用簡單的方式解決

錯綜複雜的問題都可以分解成簡單的問題逐次解決。

例如：總銷售額：25,873,892 美元

總成本：14,263,128 美元

如果科長問成本占銷售額的比例，就可以用簡單方式表示，即把銷售額看成是 25，把成本看成是 14，14 ： 25 這樣就可推測出成本占銷售額的 56%。由此可見，無論什麼問題，只要把它簡單化就容易找到解決的辦法。

4. 使用淘汰法

有時因為解決問題的方法過多，反而不知如何取捨。可以採取淘汰法，把不好的逐一去掉。

例如跳舞比賽，如果想一次從舞者中選出優勝者是很困難的，因此便採取淘汰法。每次評審一組，有缺點就退場，這樣陸續淘汰直至兩組，最後剩下優勝者的一組。當你要從幾個東西中選出最喜歡的時，如果把不喜歡的逐一淘汰，事情就會變得容易了。

學會正面思維，執行無往而不勝

負面思考的人會從不愉快的事件中感到「無助」，認為自己無法改變現狀，無論怎麼做，到最後都是壞的後果。久而久之，就失去了對事件的理性判斷，做出負面的決策，但這個時候只要在思考的路徑裡假設兩個步驟 —— 反駁和鼓勵 —— 就可以將負面思維轉變成正面思維。反駁是指對自己預設的負面情結、負面決策反駁；鼓勵則指強化自己轉向思考如何解決問題的能量。

某會計師事務所所長，就因為正面思維熬過了職場上最大的一次挫敗。一天晚上，身為簽證會計師的他正在進餐，有人急忙跑來跟他說：「你的票出事了。」

他當時的第一個想法：「完蛋了，我會不會因此被扯入官司，甚至被關起來？這樣下去，我好不容易打下的基礎不就全毀了……」他倒吸一口氣，關掉電視，走進書房，開始思考。

他用一天時間把事情想清楚，確認自己沒有做錯後，就開始思索對策。他先跑到書店，把架上所有關於商業法、會計法等的一二十本書全部抱回家，從頭開始研究；然後自己預先寫好每日新聞稿，一旦有人攻擊他，就可以立刻澄清。

就這樣，他在書房裡待了一個星期，將整個案情梳理了一遍，其間他還一如既往地上班，最後平安度過了危機，更因其沉著冷靜地面對事件而贏得了掌聲。然而，看似簡單的正面思維，要想做到卻並不容易。

在最近一次從蘇黎世到紐約的飛行途中，他和一位投資商相鄰而坐。隨著交談的深入，他得知對方在投資一家規模很小的科技公司時，儘管投入了很多資金，卻收益甚少，對方被那家科技公司的老闆氣得快要吐血了。在整個飛行過程中，對方沒完沒了地抱怨著。他問投資商：「那個科技公司的傢伙令你心煩意亂有多長時間了？」「幾個月了！」投資商憤憤地回答道。

事實上，坐在這位會計師事務所所長身邊的這個男人，是一位擁有數百萬美元的富翁，在瑞士有一棟富麗堂皇的上等別墅，有一位賢淑而美麗的妻子，還有三個可愛的孩子。但這些足以羨煞世人的福分，讓一個小公司的小老闆輕而易舉就給抹掉了，留在他腦中的全是揮之不去的無盡煩惱。

他提醒鄰座乘客，現在的不順利其實是用人不察、判斷失誤，從而在此次投資專案上做出了一個錯誤的決定。

但是，怨恨自己，和怨恨那個科技公司的小老闆一樣，全都徒勞無益，於事無補。他提醒對方：「儘管犯了這次錯誤，你依然是一個非常成功的商人，重要的是，你應該從這次失敗的商業活動中吸取教訓、彙整經驗。」

　　經過認真思考之後，對方認同了這個看法。在飛行即將結束時，投資商已經決定終止損失，賣掉那家科技公司，重新開始。

　　執行中遇到困難和問題的時候，正面思維能讓我們更理性地面對困難，更熟練地解決問題，更精準地實現目標，更高效地執行任務。讓我們學著做一個正面思維者。

「背道而馳」，執行歪打正著

　　執行任務時碰到問題，有時我們想盡各種方法仍然不能奏效，這時不妨拋開原先的常規思路，從相反的方向去思考，反而會更利於問題的解決。

　　1960 年代中期，當時在福特一個分公司任副總經理的艾科卡正在尋求方法，改善公司業績。他認定，要達到該目的的靈丹妙藥在於推出一款設計大膽、能引起大眾廣泛興趣的新型小汽車。他認為，顧客買車的唯一途徑是試車。要讓潛在顧客試車，就必須把車放進汽車經銷商的展室中。吸引經銷商的辦法是對新車進行大規模、富有吸引力的商業推廣，使經銷商本人對新車型熱情高漲。說得實際點，他必須在行銷活動開始前做好小汽車，送進經銷商的展車室。

　　為達到這一目的，他需要得到公司市場行銷和生產部門百分之百的支持。同時，他也意識到生產汽車模型所需的廠商、人力、設備及原材料都得由公司的高級行政人員來決定。艾科卡一個不落地確定了為達到目標必須徵求同意的人員名單後，就將整個過程倒過來，從頭向前推進。幾個月後，艾科卡的新型車 ——「野馬」從生產線上生產出來了，並在 1960 年代風行一時。它的成功也使艾科卡在福特公司一躍成為整個小汽車和卡車集團的副總裁。

　　我們通常只從正面去思考、尋找問題的解決方法，然而這種辦法並不是總有效。當方法不能解決問題時，就應當轉換思路，反過來從完全對立的角度去思考解決問題的方法，「背道而馳」，反其道而行之。從反面去看問題，易引起新的思考，往往產生獨特的構思和新穎的觀念。正反兩方面多想想，會收到意想不到的效果。

用左腦去服從，用右腦去創造

　　美國海軍陸戰隊上將羅格‧蓋格對官兵們訓話時說：「你們只有一個腦袋，但必須要有兩種功能，我要求你們用左腦去服從，用右腦去創造。」在戰場上，美國海軍陸戰隊長官只

會下達奪取某要塞的命令，他把選擇具體戰術的許可權下放給執行此項任務的所有人。戰場形勢千變萬化，在是採用誘敵深入法還是調虎離山計等具體戰術的選擇上，每個人都可以發揮創造，目的是為了高品質地完成任務，不但與服從命令並不矛盾，反而是服從命令的必然要求。

《經濟學人》(*The Economist*) 雜誌曾經在約 200 家優秀企業的 CEO 中做了一項關於「員工最致命的弱點是什麼」的調查研究。得到的普遍回答是缺乏創造性思維。企業與軍隊一樣，需要員工創造性地完成任務。我們要學習美國海軍陸戰隊的精神 —— 要服從，更要創造。

歐洲航空公司之所以快速發展，是因為它的員工在完成任務時很注意發揮自己的創造性。例如，一位機組服務人員身處一架滿載乘客的班機，飛機需要準時起飛，但機上卻沒有足夠的旅客餐點。根據顧客服務手冊上固有的條文，建議機組人員在足夠的顧客餐點被送達之前就關上機門，以確保能按時起飛。而一個足智多謀的機組服務人員卻會做出其他選擇，她可能會根據情況，向某些商務艙乘客提供免費的酒精飲料來代替航空餐。這樣，飛機準時起飛了，所有機艙內的乘客都心滿意足，沒有人因為晚點而耽誤了轉機，歐洲航空也就不需要為誰支付在旅館過夜的費用。類似這樣富於創造性的現場決策還有很多，機組人員的任務完成得越來越接

近完美，不斷推動著歐洲航空公司向前發展。

　　只有企業中所有員工的創新意識如同準時上下班一樣成為一種職業習慣，所有員工都「敢思、愛思、多思」，企業才有勃勃的生機和巨大的潛力。

　　有一次，拿破崙‧希爾問 PMA 成功之道訓練班上的學員：「你們有多少人覺得我們可以在三十年內廢除所有的監獄？」學員們顯得很困惑，懷疑自己聽錯了。一陣沉默過後，拿破崙‧希爾又重複：「你們有多少人覺得我們可以在三十年內廢除所有的監獄？」

　　確信拿破崙‧希爾不是在開玩笑以後，馬上有人出來反駁：「你的意思是要把那些殺人犯、搶劫犯以及強姦犯全部釋放嗎？你知道這會造成什麼後果嗎？那樣我們就別想得到安寧了。不管怎樣，一定要有監獄。」、「社會秩序將會被破壞。」、「某人生來就是壞坯子。」、「如有可能，還需要更多的監獄。」

　　拿破崙‧希爾接著說：「你們說了各種不能廢除的理由。現在，我們來試著相信可以廢除監獄。假設可以廢除，我們該如何著手。」大家有點勉強地把它當成實驗，沉靜了一會兒，才有人猶豫地說：「成立更多的青年活動中心可以減少犯罪事件的發生。」不久，這群在 10 分鐘以前堅持反對意見的人，開始熱心地參與討論。「要清除貧窮，大部分的犯罪都起

源於低收入階層。」、「要能辨認、疏導有犯罪傾向的人。」、「藉手術方法來治療某些罪犯。」最後，大家總共提出了 18 種構想。

這個實驗的重點是當你相信某一件事不可能做到時，你的大腦就會為你找出種種做不到的理由。但是，當你真正地相信某一件事確實可以做到時，你的大腦就會幫你找出做得到的各種解決方法。

我們接受了一個高難度的任務後，最容易產生也最需要避免的心理：「這怎麼可能完成呢？」但只要積極動動腦筋，開拓思維，多想辦法，任務肯定能完成。帶著思考去工作，帶著想法去執行，應該成為我們的基本工作信念。

用對方法，完成比難更難的事

善於尋找方法去解決工作中的問題和困難，是執行取勝的根本，更是一個企業保持旺盛競爭力的保障。無論在什麼時候，善於找方法的人都比遇到問題就逃避的人有著更多的機會，也更容易受到歡迎。

每個人都會在工作中遇到難題，沒有任何問題的理想狀態是根本不存在的。所以，面對問題和困難，我們完全不必

擔憂和逃避，只要找出解決問題的方法，一切困難將迎刃而解。

　　一個國王約見平時以笨出名的平民阿笨，要他完成一項任務：在一個同時只能烙兩張餅的鍋中，三分鐘內烙好三張餅，並且每張餅必須烙兩面，每面烙一分鐘。

　　阿笨並不笨，而且還開過烙餅連鎖店，被業內人士稱為「高效率人士」。

　　按照國王的要求，這最少需要四分鐘的時間，可是阿笨卻用了一個笨方法實現了要求。第一分鐘，他先烙兩張餅。第二分鐘，把一張翻烙，另一張取出，換烙第三張。第三分鐘，把烙好的一張取出，另一張翻烙，並把第一次取出的那張放回鍋裡翻烙。結果，他用三分鐘時間烙好了三張餅。

　　改進方法，解決問題，既要有勇於與眾不同的勇氣，還要有能夠獨立思考和判斷的思維，突破舊有的思維模式，也就找到了解決困難的方法。

　　問題容易發現，解決辦法卻難找，成了人們不喜歡解決問題、一見到困難就想躲的理由和藉口。每個人對待問題的態度是不同的。善於發現問題的人，也常常喜歡想各種應對的方案和辦法。而不善於發現問題的人，更不會主動去想問題該怎麼解決，當別人發現了問題，想與之共同解決時，得到的回應卻是藉口。

　　方法永遠都比困難多，所謂「道高一尺，魔高一丈」，只要用對方法，就沒有解決不了的難題。方法用得對不對，是做事的關鍵。

　　每一個問題都有它的特點和難點，所以我們還要具體問題具體分析。積極地尋找解決方案，不可隨意地亂用方法，強加套用或照搬模仿都是不可取的。碰到容易更改方法和可以反覆實驗的事情，或許多嘗試幾種辦法也未嘗不可。

第 7 章　細節精準
── 超越所有人對你的期望

　　細節決定成敗。一個細節的失誤，會讓所有的
執行都付諸東流，功虧一簣。魔鬼在細節，執行要細
心。執行到細節，才是精準的執行。

　　細節創造感動。小事成就大事，細節成就完美。
要想讓老闆、上司、客戶從心底裡為你稱讚，就要在
細節上下功夫，將工作做得完美無缺，超越所有人對
你的期望。

精準執行，必精於細

　　小胡和小張同時應徵進了一家國際合資公司。這家公司待遇優厚，員工未來的發展空間也很大。他們倆都很珍惜這份工作，拚命努力以確保順利通過試用期。

　　公司規定的淘汰比例是 2：1，也就是說，他們倆有一個會在三個月後淘汰出局。

　　小胡和小張都咬著牙賣力地工作，上班從來不遲到，下班後經常加班，有時候還幫著後勤員工打掃環境、分發報紙……部門經理是一個和藹可親的人，他經常去兩個人的單身宿舍和他們交流、溝通，這使他們受寵若驚。所以兩個人特別注意環境衛生，都把各自的宿舍整理得乾乾淨淨。

　　三個月後，小胡被留了下來，小張悄無聲息地走了。

　　半年後，小胡被升遷為部門主管，和經理的關係也親近了起來，便問經理當初他和小張表現幾乎一樣，為什麼留下來的是他而不是小張。經理說：「當時從你們中挑選一個是很難的，工作上不分高低，同事關係也很融洽，能力也都不弱，而且都非常有上進心。所以我就常去你們宿舍串門，想好好地了解你們。結果我發現了一現象：當你們不在的時候，小張的宿舍仍然亮著燈，開著電腦；而你的宿舍只要人不在

燈便熄著，電腦也關著，所以我們最後確定了你。」

不要忽視任何一個細節，一個墨點足可將一整張白紙玷污，一件小錯事足可招人厭惡。

在現代激烈的職場競爭中，細節常會顯出奇特的魅力，它不僅可以提升你的人格魅力，增加你的工作績效，還可博得上司的青睞，獲得更好的機會。

其實，小事本身就潛藏著很好的機會。如果你能從中敏銳地發現別人沒有注意到的空白領域或者細小關鍵，以其為突破口，機會自然會掌握在你的手中。

在某跨國公司的當地分公司，有一支很優秀的業務團隊。他們每天討論的是如何讓商店的陳列擁有最佳效果，競爭對手最近有什麼動態，如何去阻擊其他產品的競爭等等。

當集團公司的市場和業務總監來做市場檢查的時候，不是穿著西裝對業務人員指手畫腳，而是和業務員一起動手整理貨物，幫助他們做一些很細小的事情。

該公司的巧克力市場一直穩居市場占有率第一位，但這並非因為該公司跨國企業的背景或者廣告做得好，更不是他們有什麼特別誘人的促銷方案或者總是請大明星來捧場。

成功是因為這家公司有著一群對每個銷售流程都掌握得很細的業務人員，他們對競爭對手的打擊從來都是從每一個細節開始的。他們對細節的關注和對小事的拿捏使他們在同

行業內極具魅力，因此在展售會上，他們拿到的業績總是其他公司的 4 至 5 倍！

以某一次秋季展售會為例。他們一年前就在選定一座城市作為實驗展售會，全程錄影，並且對這個實驗性展售會做了很多仔細地研究，市場推廣部也在這些研究的基礎上制定了詳細的「展售會標準作業流程」。在展售會之前，會議的總召又一起去將要開會的城市觀摩，一起參加會場的布置、會議的安排，並事先預演，然後和經銷商一起就工作流程、會場布置、人員安排、客戶邀約等可能出現的問題討論並制定了解決方案。

如此，他們將一個展售會的基本框架搭建完畢。在已經確保萬無一失的情況下，接著開始展售會中的工作，哪怕再瑣碎的小事，他們也會因準備充分而應付自如。

就是這些完善的準備工作，這些小事的累積，讓這家公司贏得了經銷商的心，繼而贏得了整個巧克力市場。

做大事必重細節。平庸和傑出的差距就展現在這些小事上。這些看似不起眼的小事，一旦發揮效力，既可成為我們通向傑出的良機，也可成為我們走向平庸的溜滑梯。

小事不小，精準執行無小事

不少人在執行任務時輕視小事，認為小事不值得做，因此為自己的工作留下了隱患。有位智者說：「不關注小事或者不做小事的人，很難相信他會做出什麼大事。做大事的成就感和自信心是由做小事的成就感累積起來的。」事實上，在執行中，沒有任何一件事情，小到可以被拋棄；沒有任何一個細節，細到應該被忽略。

有很多人對「小事」理解不深，了解不透澈，有的人甚至錯誤地認為只要在大事上不馬虎，小事做好、做壞都無關緊要。殊不知，正是那些沒做好的小事，將自己所有為執行任務而付出的努力化為烏有。

比如頂撞一位顧客、怠慢一個用戶、板了一次臉、說了一句風涼話、收錯一筆費用、造成一個誤會、缺少一個笑容……這些看起來微不足道的小事，表面上可能不會對你有多大的影響，但實際上已經為你的事業造成了巨大的危險。

許多事例告訴我們，大局的改變，往往是由一點點的小變化所累積成的。今天你失去的可能只是用戶的一次信任，或者是一個普通的用戶離你而去，可是這小小的變化帶來的影響卻是深遠的，當它達到一定量的時候，產生的衝擊則是驚人的。一個用戶的離去，可以演變成一群或一大片用戶的

離去。特別是當我們已經為工作做出了許多努力、付出了許多汗水，到頭來卻因為自己對一些小事把握不好，從而使自己數十次熱情貼心的服務所取得的信任付之東流的時候！

　　一次，一位旅客乘坐某航空公司的班機，連要兩杯水後又請求再來一杯，還歉意地說實在口渴，空服員的回答讓她大失所望：「我們飛的是短途，機上的水不足，剩下的還要留著飛下一趟用呢！」在遭遇了這一「細節」之後，那位女士決定今後不再乘坐這家公司的飛機。

　　每一條跑道上都擠滿了參賽選手，每一個行業都擠滿了競爭對手。任何一件小事做得不好，都有可能把顧客推到競爭對手的懷抱中。可見，任何對於小事的忽視，都會影響企業的效益。

　　日本東京一家貿易公司有一位專門負責為客戶購買車票的小姐，經常替德國一家大公司的商務經理購買來往於東京、大阪之間的火車票。

　　不久，這位經理發現一件趣事，每次去大阪時，座位總在右窗邊，返回東京時又總在左窗邊。

　　有一次，經理詢問小姐其中的緣故。小姐笑著答道：「車去大阪時，富士山在您右邊；返回東京時，富士山已到了您的左邊。我想外國人都喜歡富士山的壯麗景色，所以我替您買了不同的車票。」

　　就是這麼一件不起眼的小事使這位德國經理十分感動，促使他把對這家日本公司的貿易額由 400 萬歐元提高到 1,200 萬歐元。他認為，在這樣一個微不足道的小事上，這家公司的職員都能夠想得這麼周到，那麼，跟他們做生意還有什麼不放心的呢？

　　事實上，現在隨著企業規模的不斷擴大，員工的數量也日益增多，彼此之間的分工越來越細，其中能夠決定大事、要事的高層管理者畢竟是少數，絕大多數員工從事的還是簡單的、瑣碎的、不起眼的小事。但卓越的員工卻能在這一份份平凡的工作和一件件不起眼的小事中，透過在細節上下功夫，為自己和公司不斷創造價值。

執行到細節才是精準執行

　　「細節決定成敗」，這句話所展現的是對工作的一種專注、對執行的一種認真的勁兒。只有關注到了工作中的每一個步驟、執行中的每一個細節，我們的工作才有可能做得像我們在計畫書中所預設的一樣成功和完美。

　　美國一位偉大的黑人布克・華盛頓（Booker Washington）青年的時候，到一所大學校去請求入學。

　　會見他的是一位學校女職員，她見他的衣服襤褸，不肯收他。他獨自坐在那裡幾個小時之久。那位女職員看見後感覺稀奇，便告訴他說學校裡有一間屋子，需要人清洗、整理，問他是否願意做這件事。

　　布克喜歡極了。他殷勤地洗濯地板、擦拭桌椅，把那間屋子清理得沒有一點塵垢。過了一些時候，那位女職員來到這間屋子裡，拿出白的手帕擦拭桌椅，白手帕上竟沒有一點汙穢，便允許布克入校讀書。布克視這件事為他一生中的快事。

　　那個女職員就是要藉著這件微小的工作試驗一下布克‧華盛頓的人品，看看他是否謙卑、是否殷勤、是否忠心於小事、是否在細節上盡心盡職。

　　如果他想「能否被收留還沒有把握，誰甘心先做這種義務的苦工呢」，因此不肯打掃這間屋子，或是雖然打掃，卻是草草了事，打掃得並不乾乾淨淨，試問那個女職員還能否收留他呢？這個在小事上忠心的青年人後來果真成就了大事，興辦了黑人的教育事業，得到了人們的愛戴和尊敬。

　　任何人的成長進步，都是從做好身邊的細微工作開始的，然而在職場中仍然不乏對細微工作敷衍塞責、執行任務時忽視小事的人。為什麼總有人會對細節採取不認真的態度呢？究其原因，不認真的背後潛藏的是不重視。他們或認為

事情太小，不值得認真；或認為事情容易，不必要認真。無數教訓證明：這種不把每一件工作都當事來做的態度和習慣不改，恐怕一輩子也不會有什麼大的長進和出息，只能眼睜睜看著機會在身邊一次次溜走。

考慮到細節、注重細節的人，不僅認真對待工作，將小事做細，將任務執行得精準到位，而且注重在做事的細節中找到機會，從而使自己走上成功之路。

精準執行，在細節上狠下功夫

老子曾說過：「治大國若烹小鮮。」老子將治理國家比作烹調小魚一樣，不急躁、不亂動，這樣煮出的魚才色鮮、味美。如火候不對、調味不對，心浮氣躁，魚下鍋後急於翻動，最後煮出來的東西就會色、香、味什麼都沒有了，肉也碎了。可見，細微之處方見真功夫。

有一部名為《細節》的小說，其題記為：「大事留給上帝去抓吧，我們只能注意細節。」作者還借小說主角的話做了註腳：「這世界上所有偉大的壯舉都不如生活在一個真實的細節裡來得有意義。」

工作中的瑣碎細節，執行任務中的細小行為，反映了一

個人的天性、本質、修養。

　　成功者與失敗者之間到底有多大差別？事實上，人與人之間在智力和體力上的差異並沒有想像中的那麼大。很多小事，一個人能做，另外的人也能做。只是做出來的效果不一樣，往往是一些細節上的功夫，決定著執行的品質。

　　要想在工作中出類拔萃，就應學會在細節處下功夫，將老闆交給的任務執行得精準到位，無懈可擊。

　　有時候，公司老闆或業務員要出差，便會安排員工去買車票，這看似很簡單的事，卻可以反映出不同的人對工作的不同態度及其工作的能力，也可以大概測定其今後工作的前途。有這樣兩位祕書，一位將車票買來，就那麼一大把地交上去，雜亂無章，易丟失，也不易查清時刻；另一位卻將車票裝進信封，並且，在信封上寫明列車車次、號位及起程、到達時刻。可見，後一位祕書是個細心人，雖然她只在信封上寫上幾個字，卻方便了出差者。按照命令去買車票，這只是一個平常人都會做的工作，但是一個會工作的人，一定會想到要怎麼做，才會令人更滿意、更方便，這就是用心、注意細節的問題了。

　　執行細節不容忽視。注意細節的人所做出來的工作一定能抓住人心，雖然在當時無法引起人們的注意，但久而久之，這種工作態度形成習慣後，一定會為其帶來巨大的收

益。因此，對再細小的事也不能掉以輕心，專注地去做才會產生效益。這種細心的工作態度，日後有大作為者，即使要他在收發室做整理信件的工作，也會高人一等。這種注重細微關鍵的態度，就是使自己發展的能量。

欲成大事，先把小事執行精準

小曹是一家汽車公司的區域代理，他每年所賣出去的汽車比其他任何經銷商都多。甚至銷售量比第二名要多出兩倍以上，在汽車經銷商中，實屬重量級人物。

當有人問及小曹成功的祕訣時，他坦言相告：「我每個月要寄 5 萬張卡片。有一件事許多公司沒能做到，而我卻做到了，就是我對每一位客戶都建立了銷售檔案，我相信銷售真正始於售後，而並非在貨物尚未出售之前……」

小曹每個月都會寄一封不同格式、不同顏色信封的信客戶（這樣才不會像一封「垃圾信件」，還沒有被拆開之前，就給扔進垃圾桶了），顧客們開啟信看，信一開頭就寫著：「祝你今天好心情，願你天天好心情！」接著寫道，「祝你天天快樂，小曹敬賀。」

顧客們都很喜歡這些卡片。小曹自豪地說：「我替所有的

顧客都建立了檔案，我會根據他們的興趣、愛好的不同，分組向他們寄出不同的卡片。而且，寄給同一客戶的卡片中，也絕不會有雷同的卡片。」小曹透過這些細緻的工作，贏得了良好的口碑和很多老顧客，而且很多顧客還介紹自己的朋友來小曹這裡買車。

應當強調指出，小曹的這些做法絕不是什麼虛情假意的噱頭，而是一種愛心、一種責任感、一種高明的銷售技巧的自然流露，更是把事做到位、做到細節上的具體展現。

小曹說：「真正出色的餐廳，在廚房裡就開始表現他們對顧客的關切和愛心了。當顧客出現問題和要求時，我會盡全力提供最佳服務……我必須像個醫生一樣，他的汽車出了毛病，我也為他感到難過，我會全力以赴地去幫他修理。我見到老顧客就跟見到老朋友一樣自然，我要了解他們，至少不會一無所知。但是如果沒有檔案的幫助，在重見他們時我肯定會像與陌生人頭回見面一樣，重複一些不必要的麻煩，心裡的距離感也會拉大，這將極不利於我的銷售工作。」

雖然寄卡片是一件很小的事情，但它卻為小曹帶來了巨大的利益，不但使他成了銷售的榜樣，也讓他特別開心，因為他帶給了顧客溫情，自己也感受到了快樂。

一位哲人說得好：「小事永遠是大事的根，每一棵生命之樹的衰榮都可以從它的根上找到答案。」細節決定一個人的

命運，只看見大事而忽略小事的人是無法成功的。細節要靠日常生活的不斷累積，如果你將其儲備得足足的，那麼在機遇降臨的時候，就能夠從容不迫地將它把握。

任何事情的成功都是從注重細節開始的。在職場中，要想成就一番事業，就要先從小事做起，將老闆交辦的每一件任務都執行得精準到位，將工作中的每一件小事都做透、做細，做精。

精準執行，從點滴做起

執行任務並不需要什麼豪言壯語，需要的是始終如一地把所有小事做得精準細緻、扎實到位。在執行任務中，堅持把每一件小事做好，就會得到上司的信任和賞識。不屑做工作中的小事，就沒有機會做工作中的大事；工作中的小事都做不好，工作中的大事就更不可能做好。

對普通員工來說，對於工作中瑣碎的、繁雜的、細小的事務，我們應該花大力氣把它做好，不討厭做小事，要努力把工作中的小事做得盡善盡美。

很多初入職場的年輕人志向高遠，精神固然可嘉，但只有腳踏實地從小事做起、從點滴做起，在工作中注重每一個

細節，才能養成做大事所需要的那種嚴密周到的作風。不重視工作中的細節，沒有做小事成功的經歷，很難獲得做大事的機會。即使有了做大事的機會，沒有做小事的經驗，也未必知道從何處著手。因為高效執行的技巧和方法，都是在平時做小事的時候培養和建立起來的。

在激烈的競爭中，公司規模、員工團隊日益擴大，其分工也越來越細，其中能夠從事大事決策的高層主管畢竟是少數，絕大多數員工從事的都是簡單繁瑣看似不起眼的小事。但對於公司的運作而言，公司的每一件事情、每一個員工都很重要，可能某一個員工出了問題，就會影響到整個公司的運作。也正是一份份平凡的工作和一件件不起眼的小事，才構成了公司卓著的成績。

對於一個以精準執行為己任的員工，他會認真執行、全力完成老闆交給他的每項任務，不管這項任務是大還是小。他都會意識到這項任務的重要性，盡到自己應該盡到的職責，不忽視執行中的每一件小事，認認真真地處理執行的每一處細節。因為在他看來執行任務無小事。

從執行任務中的一些微不足道的小事洞察秋毫，可以感悟到一個人的內在精神。什麼是不簡單？把每件簡單的事做好就是不簡單。什麼是不平凡？把每件平凡的事做好就是不平凡。

　　看不到細節或者不把細節當回事的人，對執行任務缺乏認真的態度，對事情只能是敷衍了事。這種人不可能把執行任務當作一種樂趣，而只是當作一種不得不受的苦役，因而在執行任務過程中缺乏熱情，這樣的員工當然不會得到老闆的賞識，也不會有升遷的機會。

　　對於一個公司來說，擁有做事細緻、精準執行的員工，公司的管理制度會更加精細化，工作效率會更加提高。能時刻心繫公司，把微不足道的小事當作大事去做，把每一項任務都執行得精準到位的人，是最值得信賴的。

不放過任何容易出錯的細節

　　細節決定著事情的成敗。一個細節上的失誤，將會影響整個大局甚至人的一生。

　　執行中的每個細節都是不能忽略的。從細節中，我們可以看到失敗的原因和成功的關鍵。很多時候，一些大的事故或問題的產生，就是因為一點點細節的疏忽所造成的。

1. 千里之堤毀於蟻穴，小處不可輕視

遠洋運輸的貨輪一般規格先進、維護良好，不會出什麼問題。但是巴西一家遠洋運輸公司的海輪卻在海上發生了大火，導致沉沒，全船人都葬身海底，後果十分嚴重。

後來，事故調查者從出事海輪的殘骸中發現了一罐密封的瓶子，裡面有一張紙條，上面寫了 21 句話，看起來是全船人在最後一刻的留言。人們驚奇地發現，這些水手、大副、二副、電工、廚師和醫生等熟知航海條例的人，竟然私下裡做了不少錯誤的事：有人說自己不應該私自買了檯燈，有人後悔發現消防灑水頭損壞時卻沒有及時更換，還有人發現救生閥施放器有問題卻置之不理，有的是例行檢查不到位，有的是值班時跑進了餐廳……

最後船長寫了這樣一句話：發現火災時，一切都糟透了。平時，我們每個人犯了一點點小錯誤，都沒有在意，累積起來，就釀成了船毀人亡的大錯。

這個故事給我們很大的啟示。在執行工作中不要疏忽大意，不要放過任何一個容易出錯的細節，否則，積少成多，聚沙成塔，錯誤一點點操縱著我們，最後讓我們嚥下失敗的苦水。

2. 小處不可隨便

兩個月前，吉姆把車子送去車廠例常檢查。

車子保養得還算不錯，沒有什麼大礙，只是檢查員認為車子的四個輪胎已經「超齡」了，勸他務必到輪胎店去更換新的輪胎。

回家後，吉姆仔細看了看那幾個輪胎，咦，都還滿好的嘛，輪胎上的花紋清清楚楚，一點兒也沒有耗損的跡象。他用手大力敲了敲，結結實實，彈性十足。

於是，他把那個檢查員的話當作耳邊風。

雨季來了。

一日，車子在溼漉漉的路面行駛時，吉姆突然有一種力不從心的感覺，輪胎好似不大願意「聽從」方向盤的控制，尤其是在滑滑的路面上轉彎時，更有一種方向盤與輪胎「各自為政」的感覺。

這一驚，非同小可。

吉姆趕快把車子開到輪胎店去。工作人員一檢查，便驚喊出聲：

「哇，這幾個輪胎，實在太老了，隨時隨地都會爆胎的呀！你怎麼不早一點兒送來換呢！」

吉姆支支吾吾地應道：「看起來完好如新啊！」

工作人員一面快手快腳地把這四個輪胎拆下來，一面善心地給這個門外漢灌輸常識：

「現在，製造輪胎的技術很好，輪胎上的花紋，即使在路上滾動十年、八年，也不會有磨損的痕跡！不過，你要記住：平均每條輪胎，只要走上 32,000 公里，便得換了。所以，常走長程的車，每隔一兩年，便得換輪胎；只走短程的車，隔上兩三年，也得換。許多交通意外，都是路上爆胎、車子失去控制而造成的！」

經一事，長一智。換了四個輪胎，也上了寶貴的一課。

在工作的實際執行中，我們要時刻注意盡量避免出現一些小的細節錯誤，不要因細節而引起無法彌補的損失，而應該用細節成就完美的整體，來獲得自己的成功以及贏得別人的信賴。

細節往往容易被人忽略，但一個不經意的細節恰恰能反映出一個人深層次的修養，它能彌補缺陷，代替財富，提升你的競爭力。可以說，細節成就完美。因此，我們想要有所成就，一定不能忽視細節。

精準執行，大處著眼、小處著手

這是一個細節取勝的時代，細節對於執行的作用怎麼強調都不為過。

吉姆 21 歲進入了一家集團公司，他被派往紐約分公司的財務部做管理工作。在工作中，他發現分公司的財務軟體與總公司之間有一些不配套的地方。這套財務軟體來自一家著名的軟體公司，它的強大功能不容置疑。但是，問題的確存在，儘管只是小問題，但是處理起來非常繁瑣，並且不可避免地會產生一些錯誤。

吉姆決定改善這個軟體，他請教了許多相關專業的朋友，經過幾個月的努力，他達到了預期的目標。

改善後的軟體被應用於財務工作中，員工反映非常好。幾個月後，董事長來到紐約分公司視察，吉姆為他展演了這套軟體。董事長馬上發現了這套軟體的優秀性能。很快，這套軟體便被推廣到集團在全美的各個分公司。

三年後，吉姆成為集團最年輕的分公司經理。

執行任務過程中有許多細微小事，這往往也是被大家所忽略的地方，有心的員工是不會忽視這些不起眼的小事的。在別人沒有注意到的地方留心，把每一個細節都做得扎實到

位，如此敬業的工作態度，讓你無法不耀眼。

　　一個小夥子在家鄉做鐵匠，但是因為日子並不好混，所以想要到大城市碰碰運氣。他到了一個工廠的組裝工廠做工。

　　但是三個月之後，他對朋友抱怨，說他不想再待在那兒了。「這份工作讓我厭煩透了！你知道嗎？我每天的工作不過是在生產線上將一個螺絲擰到它該待的地方，每日每夜地只是重複著同一個動作，這讓我覺得自己像個傻子！」

　　朋友提議他再幹一個月再說，他悶悶不樂地回去了。

　　一個星期之後，他興高采烈地來找朋友：「嘿，夥計！你知道嗎？我現在覺得這份工作真是棒極了！今天我在擰螺絲的時候發現那個地方有條小小的裂縫，於是我找到主管，把這件事情告訴了他。你知道，他向來都只會板著臉監視著我們，但是今天，他居然對我笑了，並當著所有人的面誇了我！」

　　一個月過去，他再次來找朋友：「你知道嗎？今天老闆來巡視工廠，我對他說：『為什麼你們不把車吊高一點，好讓我擰螺絲的時候動作能快一點，而非要讓我彎著腰、扭著脖子慢慢地擰那顆螺絲呢？』老闆聽了我說的話，居然認真地觀察了我的工作，說他會考慮。」

　　朋友笑著問他：「那麼，你還打不打算辭掉這份讓你厭

煩透頂的工作呢？」

「你在開什麼玩笑！」他拍著朋友的肩膀說，「這份工作需要我，我現在不知道有多喜歡幹這份工作！」

俗話說，大處著眼，小處著手。其實有時候成功很簡單，需要的只是對細節的關注。在細節之處下功夫，積極關注別人不願意去做的小事，你就能輕鬆成為公司永不放棄的優秀員工。

大處著眼，小處著手，是精準執行精神的重要展現。

心中想大事，手裡做小事

有這麼一個故事，據說，在開學第一天，蘇格拉底（Socrates）對他的學生們說：「今天我們只做一件事，每個人盡量把手臂往前甩，然後再往後甩。」說著，他做了一遍示範。

「從今天開始，每天做 300 下，大家能做到嗎？」學生們都笑了，這麼簡單的事誰做不到？可是一年之後，蘇格拉底再問的時候，全班卻只有一個學生堅持了下來。這個人就是後來的大哲學家柏拉圖（Plato）。

會做事的人把小事做成大事，不會做事的人把大事做成小事，乃至化為烏有。真要把小事做成大事並不那麼容易，因為任何大事都是具體操作和長遠眼光完美結合的產物。英語中有句格言「Think big, do smal.」意思是「心中想大事，手裡做小事」，形象地說明了小事和大事的辯證關係。

美國標準石油公司曾經有一位小職員叫阿基勃特。他出差住旅館的時候，總是在自己簽名的下方，寫上「每桶 4 美元的標準石油」字樣，在書信及收據上也不例外，只要簽了名，就一定寫上那幾個字。他因此被同事叫做「每桶 4 美元」，而他的真名倒沒有人叫了。

公司董事長洛克斐勒（John Rockefeller）知道這件事後說：「竟有職員如此努力宣揚公司的聲譽，我要見見他。」於是邀請阿基勃特共進晚餐。

後來，洛克斐勒卸任，阿基勃特成了第二任董事長。在簽名的時候署上「每桶 4 美元的標準石油」，這算不算小事？

嚴格說來，這件小事還不在阿基勃特的工作範圍之內。但阿基勃特做了，並堅持把這件小事做到了極致。那些嘲笑他的人中，肯定有不少人才華、能力均在他之上，可是最後，只有他成了董事長。

會做事的人，必須具備以下三個做事特點：一是願意從小事做起，知道做小事是成大事的必經之路；二是胸中要有

目標，知道把所做的小事累積起來最終的結果是什麼；三是要有一種精神，能夠為了將來的目標自始至終把小事做好。

然而現在有很多人，心中倒是整天想著大事，但在執行任務時對小事卻從來提不起興趣，甚至將整天埋頭於小事之中當成一種很丟臉面的事，殊不知，正是這樣的想法讓他們日復一日、年復一年在實現自己人生大目標的路上停滯不前。

對於有這種傾向的人，我們有三點建議：

(1) 重視執行中的小事。執行無小事，事事都是工作，只要是對執行有利的事，無論多小，或者多麼微不足道，都值得我們重視。

(2) 密切關注自己的執行流程，不要放過任何一個可以改良和補救工作結果的小細節。

(3) 小事不是小人物的事。差距往往從細節開始，造成不同結果的，通常是那些很容易被忽略的小事。

養成注重細節的執行好習慣

我們要想開創人生的新局面，實現人生的突破，就要學會關注細節，從小事做起。只有這樣，才能夠一步步向前邁

進，一點一滴累積資本，並抓住瞬間的機會，實現突破，踏上成功之路。

小玲大學畢業後，很幸運地被一家中等規模的證券公司錄用，她十分興奮，準備大幹一番事業。然而，踏上工作職位後她才發現，對於新人，公司實際安排給她們的工作並不多，倒是有很多雜七雜八的事情，像發報紙、影印、傳真、檔案整理等瑣事每天等著她們去處理。

同來的新人們覺得，要他們大學畢業生做雜活未免有些丟臉，又覺得不受重視，不免滿腹牢騷，便經常找藉口推託。小玲心裡也覺得有些委屈，回家就和母親說起了自己內心的苦悶。身為職業女性的母親笑了笑，說：「小事不做，焉能做大事？須知，由細微處方見真品性。」

於是小玲不再和大家一起發牢騷，見到別人不願意做的瑣事，她便接過來做，一下子就忙碌了起來，有時甚至要加班。有些新人笑她傻，說有時間多休息休息不好嗎？還有些人說她愛表現，說不用這麼拚命吧。不管別人怎麼說，小玲總是笑而不語。

其實，小玲完成的一點一滴的工作，部門主管都看在眼裡，便開始逐漸選擇一些專業的工作給她做。公司的老員工也喜歡這個手腳俐落、不挑三揀四的「傻女孩」，平時也頗樂意將自己多年的工作心得傳授給她，並將公司裡人際關係上

的微妙之處向小玲點撥。逐漸地，小玲工作上越來越順手，在人際交往的分寸上也把握得越來越好。

有了這麼好的人際關係，又有了那麼好的工作成績，在新人轉正時，小玲自然成了第一批轉正的新人，並且被安排到了她最嚮往的職位，成功地踏出了職業生涯的第一步！

不要忽視小細節，這在現代職場上已被奉為金玉良言。所謂「成也小細節，敗也小細節」當是如此。

世界上許多偉大的事業都是由點點滴滴的細節匯集而成的。在細節上能夠表現好的人，他在成功之路上一定會少許多阻礙。同樣，執行工作中的很多細節會影響到我們的事業和前途。如果你想有所成就，取得更大的成功的話，就不要忽視這些細節，以免因小失大，給你的人生和事業帶來重大的損失。

我們在執行任何一項任務的時候，都要從準備開始直到任務完成有一個全面的考慮，特別是在容易忽略的流程上，更要認真和細心，千萬不能粗心大意。養成了重視細節的習慣，才能把將任務執行得更加精準、完善。

在過去的執行中，你有沒有認認真真地對待和做好過每一個細節？要知道，一個微小的細節也許就改變了你一生的命運。

第 8 章　精準檢討
── 每天進步 1%的工匠精神

　　做足執行準備，執行全力以赴，實現預定目標，執行已經大功告成？事實上，執行中仍難免存在問題和不足。這就需要對執行檢討，查詢漏洞，完善過程，鞏固成果。

　　精準執行，不僅展現在執行前、執行中，更展現在執行後。在檢討中，要像工匠對待自己的作品一樣，一絲不苟，精益求精。嚴謹執行的品格，是屹立職場的基石，讓我們從平凡邁向優秀，以至更高的境界。

檢討，把好執行的最後關口

工作做完了，是不是就意味著執行已經結束了呢？所謂百密總有一疏，意思是說即使我們對工作傾注了全部熱情，已經盡心盡力去做了，仍然難免有所疏忽、有所遺漏，這就需要我們在任務完成後，對執行的過程和關鍵檢查和檢討，以徹底執行過程中產生的問題，實現 100％的精準執行率，將工作做得完美無缺。

只執行而無檢討，精準執行就難以保證；雖有檢討，但不得其法，缺乏方法，也收不到良好的效果。要做好執行的檢討工作，必須從以下幾個方面去努力。

1. 事先要有準備

檢討工作是一件嚴肅而細緻的事情，而應準備好了再說。對於檢討專案，事先要有一個較詳盡的計畫，時間如何安排、達到什麼要求、著重檢查哪些流程、採取哪些方法和步驟，都應事先釐清。對檢討的重點在哪裡，哪個是關鍵一環，何處是薄弱流程，也要基本掌握，不然就會收效甚微。

2. 不要為檢討而檢討

　　檢討是不可缺少的重要一環，理所當然地應成為我們工作的一個重要職能，應當對它予以高度重視，把它放到特別的位置上，花時間和精力做好。如果能意識到這一點，就不會為檢討而檢討，或把檢討工作看得過於簡單。在檢討過程中，就不會粗枝大葉，草率對待，而是堅持標準，不放過工作中的任何瑕疵和遺漏，達到高品質、高效率的目標。

3. 檢討要有標準

　　檢討工作沒有標準，就會無所適從，起不到應有的效果。一般地說，要以原來制定的目標和計畫為標準，但是又不能把這個標準看死了。它既是確定的，又是不確定的。所謂確定的，是說必須拿目標、計畫作為尺度來衡量實際執行情況，非此不成為檢討工作。所謂不確定的，就是不能削足適履，要根據客觀事實、實際情況來對待執行中出現的問題。要做到原則性和靈活性相結合，既堅持標準又靈活處理，具體問題具體對待，如此才能快速有效地處理問題，達到檢討的目的。

4. 防止主觀性、片面性和表面性

凡是不從實際出發，而是先入為主、自以為是，就是主觀性。片面性就是不能全面地、客觀地看問題，只知其一，不知其二，只見樹木，不見森林。所謂表面性，就是走馬看花，蜻蜓點水，知其然不知其所以然。這些都是檢討工作的大忌，一定要注意防止和克服。不要自以為是，而要尊重事實，具體問題具體分析；大處、小處都要查，缺點、成績都要看；要扎扎實實，了解真情況，解決真問題，不要淺嘗輒止。

檢討工作是執行的一項日常工作，透過檢討可以發現在執行過程中所發生的問題，進而解決問題，把工作推向前進。

精準彙整，執行更上一層樓

要想提高自己的執行能力，實現精準執行的目標，就必須每隔一段時間對執行工作檢討和檢查，冷靜地思考一下其中存在哪些問題，彙整經驗和教訓，提升對執行工作的認知，提煉更準確、更有效的執行方法，以避免今後的執行工作少走彎路。

執行只有計畫而無檢查不行，光有檢查而無彙整也不行。因為只有確實彙整經驗，才能使抽象概念上升到理性了解，從而發現執行工作中的規律性。彙整經驗的過程，就是對過去執行工作中的感性經驗進行分析綜合、研究提煉的過程，它能使零星的表面的抽象概念上升到系統的本質的理性了解，從中揭示出執行中規律性的東西。

不善於彙整，頭腦中就永遠是一團亂麻、一堆雜物，有價值的東西就永遠清理不出來；只有注意彙整經驗，才能理出工作的頭緒，找出執行的規律，實施有效的、精準的執行。發現規律不是目的，目的是透過掌握和運用規律把執行做得更好。

不透過彙整經驗，就不知道哪些事情是按規律辦事，所以成功了；哪些事情違背了規律，所以失敗了；就不會減少盲目性，增強自覺性，所謂精準執行也就成了空話。只有注意彙整經驗，才能切實提高執行水準。有的員工在職場工作多年，做過的工作可謂不算少，可執行水準卻十分平庸。其中一個很重要的原因就是不善於把實際工作經驗加以條理化。哪些事做對了，為什麼對？哪些事做錯了，為什麼錯？在他那裡是一筆糊塗帳，當然也就找不到使自己的執行能力「更上一層樓」的「樓梯」。

所以，既要考慮問題於事前，又要注意彙整經驗於事

後。從某種意義上講，只有當好「事後諸葛亮」，才能成為「事前諸葛亮」，因為這次的事後正是下次的事前。不願在事後下功夫彙整經驗和教訓的人，永遠不會成為「事前諸葛亮」。

每工作一段時間就要對工作進行一次檢查和彙整。可以利用週日或節假日，從容不迫地回顧一下自己的工作。因為這時既沒有上級也沒有別人在場，安靜的環境會為你創造一種重新認識自己、重新反省本職工作的執行情況，能使你把平常完全不能考慮的問題認真思索一番。這樣的思索最好每月都有一兩次，每半年再較系統地回顧一次，每一年進行一下全面彙整。

執行彙整要有技術含量

對執行任務的過程和結果檢討和彙整，需要講究技巧和方法，如果方法不當，就會既耗費時間、精力，又收效甚微。那麼，應當怎樣彙整呢？

1. 不要只彙整成功的經驗

正面的、成功的經驗固然需要，但從錯誤和挫折中彙整出來的教訓往往更為寶貴。「失敗是成功之母」，「不經一事，不長一智」，既應當重視從成功的經驗中學習，又善於從失敗的教訓中學習。

2. 不要「一點論」、「一分法」

既要看到成績，又要看到缺點，一是一，二是二，好就是好，不好就是不好。對執行工作中的成績不誇大，對缺點不迴避。切忌好大喜功，搞虛假浮誇。同時，要注意這些經驗與當時執行情況和各種因素的連繫。這樣就可以釐清，哪些經驗在什麼條件下可以繼續沿用和推廣，哪些經驗則不能；哪些經驗雖然在其他條件下可以運用，但要做哪些改進等等，這樣就可以使自己在今後的執行中少犯錯誤，提高執行的效率。

3. 不要請人代勞

自己的工作經驗當然要自己彙整，別人不能代替。對於執行任務的彙整，要親自動手，不要請人代勞。因為這樣可以督促自己對做過的工作重新清理，加深自己的感受和了解，同時對自己分析問題的能力和執行能力也是一個鍛鍊。

4. 不要沒有重心

每次彙整必須從具體情況出發，抓住要點，釐清彙整的目的、要求、方法、步驟、關鍵、重點，抓住核心問題解決。

5. 不要一勞永逸

工作在不斷前進，事業在不斷發展，情況在不斷變化，新的任務需要我們去執行，新的經驗和教訓需要我們去彙整。所以，彙整經驗不能一次完成，一勞永逸。既要善於有計畫、分階段地彙整經驗，又要善於隨時隨地彙整經驗，只有工作到老、彙整到老，才能不斷向更高的境界和水準前進。

6. 不要囿於一種思維方式

實際上，彙整工作經驗是一種很複雜的腦力勞動，既需要經驗式思維也需要理論性思維；既需要平面思維也需要立體思維；既需要單維式思維也需要多維式思維；既需要封閉式思維也需要開放式思維；既需要同性思維又需要異性思維。

就拿比較法來說，它實質上包含多種思維方法。這種方法可以有效地區別好與壞、落後與先進；使人們認清差距，

找出不足，從而更好地改進工作。但如果思維方法不靈活、不科學，也容易出毛病。譬如，比較法只有在事物之間有了可比性時才適用，否則就會得出錯誤的結論。

再如，跳出舒適圈，用開放式思維來彙整經驗當然好，可以使人們從更高、更新的角度來看問題，但如果不善於把縱向比較與橫向比較結合起來進行立體思考，而是單獨進行橫向比較或縱向比較，就會產生片面性。

確認結果，讓一切沒有問題

很多時候，我們在短時間內速戰速決地完成了某項任務，結果卻經不起考驗和檢驗，裡面的錯誤和漏洞依然存在。我們看起來沒有問題的結果卻潛藏著很多的問題，這都是因為我們不善於鞏固和檢查所導致的。

不要以為找到了方法，解決了問題就算大功告成，問題處理的結果需要得到確認和鞏固，才算真正完成了任務。所以，我們做好了一件事情之後，先別得意地拍著胸脯說「一切沒有問題」，結果的可靠性要靠檢驗來證明。只有經過確認和鞏固的結果，才是有效而值得肯定的，才意味著真正地解決了問題，精準地執行了任務。

215

「一切沒有問題」並不是無法實現的，只要我們嚴格要求自己，做事抱著認真、負責的態度，不投機偷懶，不心存僥倖，那麼結果就能夠「一切沒有問題」。

業務大師喬‧吉拉德（Joe Girard）銷售成功之後，需要做的事情就是，將客戶及其與買車子有關的一切情報，全部都記進卡片裡面，同時，他會寄感謝卡給買過車子的人。他認為這是理所當然的事，但是很多業務員並沒有這樣做。所以，喬‧吉拉德為買主寄出感謝卡，買主對感謝卡感到十分新奇，從而印象特別深刻。

不僅如此，喬‧吉拉德在成交後依然站在客戶的一邊，他說：「一旦新車子出了嚴重的問題，客戶找上門來要求修理，有關修理部門的工作人員如果知道這輛車子是我賣的，那麼，他們就應該立刻通知我。我會馬上趕到，並設法安撫客戶，讓他先消消氣。我會告訴他，我一定讓人把修理工作做好，他一定會對車子的每一個小地方都覺得非常滿意，這也是我的工作。沒有成功的維修服務，也就沒有成功的銷售員。如果客戶仍覺得有嚴重的問題，我的責任就是要和客戶站在一邊，確保他的車子能夠正常執行。我會幫助客戶要求進一步的維護和修理，我會跟他站在同一陣線，一起去對付那些汽車修理技師，一起去對付汽車經銷商，一起去對付汽車製造商。無論何時何地，我總是要和我的客戶站在一起，

與他們同呼吸、共命運。」

喬‧吉拉德將客戶當作是長期的投資，從不賣一部車子後即置客戶於不顧。他本著來日方長、後會有期的意念，希望他日客戶為他輾轉介紹親朋好友來車行買車，或客戶的子女已成年者，而將車子賣給其子女。賣車之後，他總希望讓客戶感到買到了一部好車子，而且能永生不忘。客戶的親戚朋友想買車時，首先便會考慮到找他，這就是他販賣的最終目標。

車子賣給客戶後，若客戶沒有任何連繫的話，他就試著不斷地與那位客戶接觸。打電話給老客戶時，開門見山便問：「以前買的車子情況如何？」通常白天電話打到客戶家裡，來接電話的多半是客戶的太太，她們大多會回答：「車子情況很好。」他再問：「有沒有任何問題？」順便向對方示意，在保固期內該將車子仔細檢查一遍，並提醒她們在這期間送到這裡檢修是免費的。他也常常對客戶的太太說：「假使車子振動厲害或有任何問題的話，請送到這裡來修理，請您也提醒您先生一下。」

喬‧吉拉德說：「我不希望只銷售給他這一輛車子，我特別愛惜我的客戶，我希望他以後所買的每一輛車子都是由我銷售出去的。」

喬‧吉拉德的這種對問題認真負責、追求完美結果的態

度和精神值得我們每個人學習。在執行任務過程中，每做完一件事、解決完一個問題，我們都應該有確認和鞏固結果的意識，以解除後顧之憂。有足夠的自信說出「一切沒有問題」，才算是完滿地完成任務。

「一切沒有問題」，是對執行的高標準要求，是處理問題的完美結果。要做到「一切沒有問題」，不僅需要我們足夠的能力和自信，還要求我們要有負責的態度來勇於承擔。「一切沒有問題」不只是一種結果的承諾，也是一種責任的擔當。

把每一件事情做到登峰造極

世界上沒有做不成的事，只有做不成事的人。凡是別人已經做到的事，我們即使面臨的困難再大，也一定要做得更好；凡是別人認為做不到的事，我們即使遇到挫折，也要繼續打拚直至取得成功；凡是別人還沒有想到的事，我們不僅應該想到，而且一定要敢為人先，迅速行動。

羅素‧康威爾（Russell Conwell）說：「成功的祕訣無他，不過是凡事都要求自我達到極致的表現而已。」

許多人執行任務做得很粗劣，不是丟三落四，就是拖延落後，還找藉口說是時間不夠，其實按照各人日常的生活，

都有著充分的時間,都可以做出最好的工作。如果養成了做
事務求完美、善始善終的習慣,任何任務都可以如期完成。
而這一點正是成功者和失敗者的分水嶺。成功者無論做什麼
工作,都力求達到最佳境界,絲毫不會放鬆;他們無論做什
麼職業,都不會輕率疏忽。

　　在美國某個城市,有一位先生搭了一部計程車要到某個
目的地。這位乘客上了車,發現這輛車不只是外觀光鮮亮
麗,司機先生服裝整齊,車內的裝飾亦十分典雅。

　　車子一發動,司機很熱心地問他車內的溫度是否適合,
又問他要不要聽音樂或是收音機。車上還有當日報紙及當期
的雜誌,前面是一個小冰箱,冰箱中的果汁及可樂如果有需
要,也可以自行取用,如果想喝熱咖啡,保溫瓶內有熱咖
啡。這些特殊的服務,讓這位上班族大吃一驚,他不禁望了
一下這位司機,司機先生愉悅的表情就像車窗外和煦的陽
光。不一會兒,司機先生對乘客說:「前面路段可能會塞車,
這個時候高速公路反而不會塞車,我們走高速公路好嗎?」

　　在乘客同意後,這位司機又體貼地說:「我是一個無所不
聊的人,如果您想聊天,除了政治及宗教外,我什麼都可以
聊。如果您想休息或看風景,那我就會靜靜地開車,不打擾
您了。」從一上車到此刻,這位常搭計程車的乘客就充滿了驚
奇,他不禁問這位司機:「你是從什麼時候開始以這種方式服

務的？」這位司機說：「從我覺醒的那一刻開始。」司機說起他
那段覺醒的過程。從前他經常抱怨工作辛苦，人生沒有意義。
一次不經意中，他聽到廣播節目裡正在談一些人生的態度，大
意是你相信什麼，就會得到什麼，如果你覺得日子不順心，那
麼所有發生的事都會讓你覺得倒楣；相反地，如果今天你覺得
是幸運的一天，那麼今天每一個你所碰到的人，都可能是你的
貴人。就從那一刻起，他開始了一種新的生活方式。目的地到
了，司機下了車，繞到後面幫乘客開車門，並遞上名片說：「希
望下次有機會再為您服務。」在經濟不景氣的時期，這位計程
車司機的生意沒有受到絲毫影響，他很少會空車在這個城市裡
兜轉，他的客人總是會事先叫好他的車。

　　竭盡全力、追求完美的做事態度，能創造出最大的價
值。全心全意、追求完美，正是敬業精神的基礎。一個人無
論從事何種職業、執行何種任務，都應該全心全意、盡職盡
責，這不僅是工作的原則，也是生活的原則。

精準執行，匠人匠心

　　精準執行，反映的是一種認真負責、精益求精的工匠精
神。管理學之父彼得‧杜拉克（Peter Drucker）說過：「人生

所有的履歷都必須排在認真負責的精神之後。」有了認真負責的態度，執行就會一絲不苟、嚴謹細緻、精益求精，就會出成效、出成果、出精品。

韓國現代公司的人力資源部經理在談到對員工的要求時，這樣說：「我們認為對員工最好的要求是，他們能夠自己在內心為自己樹立一個標準，而這個標準應該符合他們所能夠做到的最好的狀態，並引領他們達到完美的狀態。」

如今，任何一家公司對員工的期望，都不再滿足於公司規定怎麼做，員工便去怎麼做，而是期望員工能夠自我加壓、自我改善，成為能創造自己最大價值的人。這就要求員工心中必須具有對自己的高要求，只有這樣才能達到自我管理、自我發揮的狀態。

對每一個人來說，只有用精益求精的工匠精神要求自己不斷發現和改進自己作品的不足之處，才可能成就精美的作品和人生。

有工匠精神的人，對待工作要求「百分百」、「盡善盡美」，對待錯誤卻是「零容忍」，沒有「可能」、「也許」、「差不多」，有的是「一定」、「確定」、「精準細膩」。

工作中養成精益求精的態度，做事堅持高標準和高品質，不僅可以提升自身的素質，還可以刺激自己的智慧，提升自己的工作能力。

追求盡善盡美，以高標準要求自己，把自己的工作做得比老闆要求得更完美、更迅速，把每一項任務都執行得更精準、更細緻、更嚴密、更到位，你就一定可以勝任任何工作，從平凡走向優秀，從優秀走向卓越。

樹立工匠精神，讓精益求精成為習慣，盡力將工作做到最好，力求完美、出色，這樣，你良好的職業道德就蘊含其中了。

世界上那些為人類創立新理想、新標準，扛著進步的大旗，為人類造福的人，無不都是具有工匠精神的人。利用自己全部的智慧，把工作做得細緻、扎實，甚至做得很精彩，讓自己的閃光點發出光芒，那麼你的人生就會與眾不同，事業就會非同凡響，就一定能實現心中的願望。

調高執行標準，追求盡善盡美

在某大型機構一座代表性的建築物上，有句很讓人感動的格言：「我們這裡，一切都追求盡善盡美。」追求盡善盡美，是值得我們每一個人深思的一句話，如果每個人都能牢記這一句話、實踐這一句話，無論做任何事情，都會竭盡全力，以求得盡善盡美的結果，那麼你的福利不知要好多少倍。

　　要想在工作中大有作為，就要在做事的時候，抱著非做成不可的決心，抱著追求盡善盡美的態度。

　　每當執行完一項任務、做完一項工作以後，你應該這樣說：「我願意做那份工作，我已竭盡全力、盡我所能去做了，比起讚譽，我更願意聽取他人的建議。」

　　成功者和失敗者的分水嶺在於：成功者無論做什麼，都力求盡善盡美，絲毫不會放鬆，失敗者無論做什麼，都敷衍了事，馬馬虎虎；成功者無論做什麼職業，都不會輕率、疏忽，失敗者做什麼都習慣於輕率、疏忽。

　　很多工作中的失誤都是由於疏忽、敷衍、畏難、偷懶、輕率而造成的。如果我們每個人都能做事，不怕多一些困難，不會半途而廢，那麼非但可以減少執行中的失誤，而且會做得更好。

　　大部分年輕人，好像不知道職位的晉升，是建立在忠實履行日常工作職責的基礎上的。只有盡職盡責地做好目前所做的工作，才能漸漸獲得他人的認可，得到晉升的機會。

　　在如今的社會，你工作的品質決定你生活的品質。在工作中你應該嚴格要求自己，要做就做到最好，不允許自己只做到「還可以」；不要半途而廢，能完成百分之百，就不能只完成百分之九十九。不論你的薪資是高還是低，你都應該保持這種良好的工作習慣。每個人都應該把自己看成是一名傑

出的工匠，而不是一個平庸的工人，帶著不變的熱情和信心
對待你的工作和公司吧！

不要滿足於 99.9％ 的成功

　　對待自己的工作，千萬不要因為 99.9％ 的成功而沾沾自
喜，只要你還有 0.1％ 的錯誤和不足，你的工作就不是完美
的，你的執行就達不到「精準」這一標準，你的職位也隨時可
能被他人取而代之。

　　一次，某家電品牌老闆到分廠檢查工作，在一臺冰箱的
抽屜裡發現了一根頭髮絲。他馬上召開相關人員會議，有的
人不服氣地說：「一根髮絲又不會影響冰箱品質，拿掉就是
了，何必小題大作呢？」老闆卻態度堅決地告訴在場的員工：
「品質管理就是要連一根頭髮絲也不放過！」

　　又有一次，一名洗衣機工廠的職工在進行日行清點時，
發現多了一顆螺絲釘。大家都意識到，這裡多出一顆螺絲
釘，就意味著哪一臺洗衣機少安裝了一顆，這可是關係到
產品品質和公司信譽的大事。為此，工廠員工下班後主動留
下，複檢當天生產的 1,000 多臺洗衣機，用了兩個多小時，
終於把問題查了個水落石出 —— 發貨時多放了一顆螺絲釘。

對品質的追求幾近偏執的做法，才可以使產品優質可靠。而公司裡所有的人，包括管理者和員工同樣對品質一絲不苟，視缺陷為廢品的態度，又怎能不使產品盡善盡美，贏得顧客的廣泛信任和喜愛呢？

同樣地，以高標準要求自己，以高品質為工作目標，才能將工作做得一次比一次出色，將執行完成得一次比一次圓滿。

無論是公司還是個人，如果僅僅滿足於99.9％的成功和優秀，那是驕傲自滿、不思進取的表現，只能裹足不前，不可能有什麼大的作為和發展。更可怕的是，當競爭局勢發生變化時，他很可能第一個遭到市場拋棄，淘汰出局。

實際上，只要每個員工牢記自己的工作使命，保持高度的責任心和敬業精神，就必定能將工作做到盡善盡美，從而贏得市場的認可和回報，形成公司強大的競爭力。

千萬不要僅僅滿足於99.9％的成功，要將工作做到100％，甚至200％、300％……這樣你就超越了所有人，就能攀升到成功的巔峰！

精準執行，永遠沒有上限

《孫子兵法》有一句話，「求其上，得其中；求其中，得其下；求其下，必敗」。這句話讓人聯想到目標牽引 —— 被馬拉動的車只能跑在馬的屁股後面，要使「車」到達預定位置，就必須替「馬」設定更高的目標。這就是我們常常強調的做事要高標準、嚴要求。

美國汽車大王福特 (Henry Ford) 只受過很少的正規教育。在剛剛創辦福特汽車公司不久，福特向一家廠商訂購了大批汽車零件。他在嚴格要求零件品質的同時，還對裝零件的包裝木箱的尺寸、厚度等提出了嚴格的要求。這樣的要求不但讓廠商覺得很驚訝，也讓員工們覺得有點小題大作。

每次到貨以後，他又特別叮囑要小心開箱，不要損壞木板。之後，他拿出一張新辦公室的設計圖紙，用這些木板來做辦公室的地板，更讓人驚訝的是，木板竟然與設計圖紙上的尺寸相差無幾。原來，在進貨的時候，福特就想到要把這些用來包裝零件的木板用作辦公室的地板。

我們常為有的人小題大作或捨本逐末的做法感到不可理喻，可是有時候，正是這樣對結果較真的人才將事情處理得最完美，把事情做得天衣無縫。

執行的高標準、高要求也是同樣的道理，就是以高度的責任心，用高標準去衡量，區分「把工作做了」與「把工作做好」。具體到執行過程，就是要扎扎實實按照要求去做，如果以工作困難為藉口，遷就自己，則「求其下，必敗」。為山九仞，功虧一簣，這一簣之差，就使執行前功盡棄，就無法夠到成功的果實。

日本的松下幸之助有一次演講時說：「看員工努力向上的情景，我感覺非常欣慰。在這令人憂患的時代，本公司能很快從戰爭所帶來的混亂中站起來，邁向復興，就是因為我們比任何創業者都更能爭取上進。我認為人人必須不甘於平庸，努力向上，才能創造出佳績。」

完美的執行標準就在於一種不斷努力的過程。事實上，很多人都不能夠很好地理解「標準沒有上限」這句話。他們在工作中普遍認為，只要做到了工作的全部要求，做到了工作的 100 分也就是達到了完美的狀態。其實完美不是一種最終結果，而是一種過程。在這種過程中，向完美出發的人對自我永遠都處於不滿足的狀態中，他知道自己對於工作或者人生都是不完美的，即使自己在努力地按照要求來工作，但是這對完美來說還是不夠。因為完美對應的是一種更高層次的人生境界。在這樣的人生境界中，每個人都必須不斷地努力才有可能獲得進一步發展的機會。

精準執行,「今日事,今日畢」

「今日事,今日畢」是某家電公司的口號。該公司的全面品質管制當中,最重要的一個原則就是「三全」的原則,即全面的、全方位的、全過程的。全面品質管制主要是全員參與的管理。在整個品質管制過程中,採取了每日清點管理法,就是全面地對每人、每天所做的每件事進行控制和清理。

這種公司系統包括兩個方面:

一是「今日事,今日畢」,即對當天發生的各種問題(異常現象),在當天就弄清原因,分清責任,及時採取措施處理,防止問題累積,保證目標得以實現。

二是「每日清點」,即對工作中的薄弱流程不斷改善、不斷提高,要求職工工作效率「堅持每天提高 1%」,七十天後工作水準就可以提高一倍。

對這間公司的客服人員來說,客戶對任何員工提出的任何要求,無論是大事還是雞毛蒜皮的小事,工作負責人必須在客戶提出的當天給予答覆,與客戶就工作細節磋商,達成一致,然後毫不走樣地按照協商的具體要求辦理,辦好後必須及時回饋給客戶。如果遇到客戶抱怨、投訴的情況,需要在第一時間加以解決,自己不能解決時要及時彙報。

　　從上面的介紹中我們可以看到，在眾多的企業中，這是一個典型代表。我們並不是要建議你照搬或者模仿，而是想讓你成為「今日事，今日畢」的高素質、高效率的執行員工。

　　「今日事，今日畢」其主要核心還是在於提高工作效率，切實有效地搞好工作任務的落實，把所有的任務都執行得精準到位。

　　今天的工作今天必須完成，今天完成的事情必須比昨天有品質上的提高，明天的目標必須比今天更高才行。

　　「今日事，今日畢」不僅對於企業管理很重要，對於員工個人的執行工作來說也非常重要。堅持這個原則，不僅可以保證我們的工作整頓有序，還能有品質、有數量地精準高效完成。

後記
精準執行，沒有最好，只有更好

在一間公司中，往往會有三種員工。

第一種是淘汰型員工。

他們是壞掉的螺絲釘、著墨不均的影印機、瑕疵率太高的生產線，早晚要被淘汰，只是時間問題。

對於工作任務，他們或者會尋找藉口推卸，或者接受後敷衍了事，或者故意拖延。總之，難以精準執行 —— 這種員工是在哪裡都容易被淘汰的人。

第二種是合格型員工。

他們是企業這臺大機器上的螺絲釘，是生產線上的一個構成，是一臺聽命行事的影印機。

他們能夠聽從指令，配合上級執行工作任務，但不一定能精準執行。他們雖不可缺少，但並不是難以替代的人，因為在人力市場上能夠替代「合格型員工」的人一抓一大把，即使這樣的員工有一天辭職了，公司也很快就能找到補缺的人 —— 這種員工是可有可無的人。

第三種是傑出型員工。

他們是公司裡的骨幹，是排憂解難的幹將，是解決難題的能手，是開啟局面的旗手，是能把每一項工作任務都自覺執行得精準完美的典範。如果這樣的員工流失了，短時間內將無人能夠補缺 —— 這種員工是難以替代型的人。

去執行任務，並不代表能精準執行。僅僅滿足於完成任務，也不是精準執行。高標準完成任務，超越老闆的期望，才是真正的精準執行！

執行任務，不要只滿足於「還可以」的結果。如果滿意於現有的成績，或是不思進取，最終會被自己的「優秀」打敗、擊垮。

要做就要做到最好。只有抱定「沒有最好，只有更好」的進取心，堅持負責到底，才能成為公司不可或缺的人物，才能永遠立於不敗之地。

執行任務時，你採取的是哪種態度呢？上面三類員工，你願意做哪一種呢？

相信你一定能做出圓滿、精準的選擇！

電子書購買　　爽讀 APP

國家圖書館出版品預行編目資料

一趴法則，從計劃到結果的完美流程：每天進
步 1%，七步精準達成每一目標，從細節入手
提升工作成果！/ 陳立之 著 . -- 第一版 . -- 臺北
市 : 財經錢線文化事業有限公司 , 2024.07
面；　公分
POD 版
ISBN 978-957-680-917-0(平裝)
1.CST: 工作效率 2.CST: 職場成功法
494.01　　113009464

一趴法則，從計劃到結果的完美流程：每天進步 1%，七步精準達成每一目標，從細節入手提升工作成果！

臉書

作　　　者：陳立之
發 行 人：黃振庭
出 版 者：財經錢線文化事業有限公司
發 行 者：財經錢線文化事業有限公司
E - m a i l：sonbookservice@gmail.com
粉 絲 頁：https://www.facebook.com/sonbookss/
網　　　址：https://sonbook.net/
地　　　址：台北市中正區重慶南路一段 61 號 8 樓
8F., No.61, Sec. 1, Chongqing S. Rd., Zhongzheng Dist., Taipei City 100, Taiwan
電　　　話：(02) 2370-3310　　傳　　真：(02) 2388-1990
印　　　刷：京峯數位服務有限公司
律師顧問：廣華律師事務所 張珮琦律師

-版權聲明

定　　　價：320 元
發行日期：2024 年 07 月第一版
◎本書以 POD 印製